à Suely e nossa família

Blucher

Paulo Eigi Miyagi

Engenheiro e L.Doc. pela Escola Politécnica da USP
M.Eng. e Dr.Eng. pelo Tokyo Institute of Technology

CONTROLE PROGRAMÁVEL

Fundamentos do Controle de Sistemas a Eventos Discretos

Controle programável
© 1996 Paulo Eigi Miyagi
1ª edição – 1996
5ª reimpressão – 2015
Editora Edgard Blücher Ltda.

Blucher

Rua Pedroso Alvarenga, 1245, 4º andar
04531-934 – São Paulo – SP – Brasil
Tel.: 55 11 3078-5366
contato@blucher.com.br
www.blucher.com.br

É proibida a reprodução total ou parcial por quaisquer
meios, sem autorização escrita da Editora.

Todos os direitos reservados pela Editora
Edgard Blücher Ltda.

FICHA CATALOGRÁFICA

Miyagi, Paulo Eigi
    Controle programável : fundamentos do
controle de sistemas a eventos discretos / Paulo
Eigi Miyagi – 1ª edição – São Paulo: Blucher, 1996.

    ISBN 978-85-212-0079-6

    1. Análise de sistemas 2. Controladores
programáveis 3. Controle automático 4. Sistemas
de tempo discreto I. Título.

07-0517   CDD-003.83

Índices para catálogo sistemático:
1. Controle de sistemas a eventos discretos : Controle
programável   003.83

1. Prefácio

"*Man made systems* " como sistemas de manufatura, de transporte, de comunicação, de redes de computadores, etc. são caracterizados por uma dinâmica decorrente da ocorrência de eventos e são hoje objeto de controle através de dispositivos como os controladores programáveis. Do ponto de vista teórico esta classe de sistemas é classificado na área de **Sistemas a Eventos Discretos** (SED) e operacionalmente a técnica de controle utilizada é denominada de **Controle Programável** (um conceito mais amplo que o **Controle Sequencial** puro).

Apesar da crescente importância desta área, infelizmente, as publicações existentes abordam técnicas muito específicas e pouco adequadas à formação dos engenheiros e especialistas em controle e automação que necessitam assimilar e correlacionar os conceitos, teorias e metodologias desenvolvidas para projetar, construir e manter estes sistemas.

Assim, o livro organiza os conceitos básicos relacionados com os SED, seu sistema de controle e as técnicas tradicionais de modelagem. São introduzidos aspectos conceituais das Redes de Petri e suas variações como *Production Flow Schema* (PFS) e *Mark Flow Graph* (MFG) pois, além de formarem a base teórica de novas formas de descrição do algoritmo de controle (como o GRAFCET ou SFC - *Sequential Flow Chart* que é o padrão internacional da IEC), podem ser utilizadas para o desenvolvimento dos sistemas de controle e automação (industrial, predial, etc). O texto é concluído com a apresentação de uma metodologia para a concepção e projeto de sistemas de controle para SED.

O material desta obra é resultado da compilação de diversos trabalhos desenvolvidos inicialmente junto com o Prof.Dr. Kensuke Hasegawa[1] e sua equipe e que tiveram sua continuidade no Laboratório de Automação e Sistemas - Mecatrônica - da Escola Politécnica da USP. Os capítulos iniciais e a metodologia de projeto foram inspirados principalmente na obra organizada pelo Prof. T. Sekiguchi[2]. O capítulo de Redes de Petri é baseado principalmente nas obras do

---

[1] Professor Titular do Tokyo Institute of Technology de 1973 a 1990 e, desde então, Professor da Tohin University of Yokohama (Japão).

[2] Sekiguchi, T. (coord.) Sequential Control Engineering- New Theory and Design Method, Denki Gakkai, Tokyo, Japão, 1988. (em japonês)

vi

Prof. W. Reisig[3]. As aplicações no Brasil foram comprovadas através de trabalhos práticos com apoio de empresas como Mercedes Benz do Brasil, Projeletra Consultoria e Projetos Elétricos, Andersen Consulting e Mitutoyo do Brasil. O texto também inclui contribuições de especialistas envolvidos em programas de cooperação internacional como o CYTED[4], ECLA[5], JICA[6] e PABI[7].

Gostariamos ainda de agradecer aos colegas docentes, pesquisadores e alunos da Escola Politécnica da USP que, com discussões, elaboração de exercícios, desenvolvimento de projetos e críticas construtivas prestaram uma contribuição insubstituível a esta obra. Manifestamos também nosso agradecimento e respeito ao Eng°. Alfio Giusti[8], Luiz Yoshio Daikuhara[9] e Editora Edgard Blücher pela conduta no apoio à ciência e tecnologia.

São Paulo, 1996

Paulo Eigi Miyagi

---

[3] Reisig, W; A Primer in Petri Net Design, Springer-Verlag, Berlin Heidelberg, Alemanha, 1992.

[4] CYTED é um programa do Instituto de Cooperação Ibero-Americana que no Projeto SIPROFLEX envolve pesquisadores da Espanha, Portugal, México, Cuba, Costa Rica, Venezuela, Colômbia, Chile, Argentina e Brasil.

[5] ECLA é um programa da Comunidade Européia que no Projeto FLEXSYS envolve pesquisadores de Portugal, Alemanha, México, Argentina e Brasil.

[6] JICA é a Agência de Cooperação Internacional do Governo Japonês que financia o programa de treinamento de pesquisadores estrangeiros.

[7] PABI é o Programa Argentino-Brasileiro de Informática que organizou os cursos e laboratórios de automação e domótica nas Escolas Brasil-Argentina de Informática.

[8] Gerente da AP3I Associação de Programas de Integração e Informática Industrial.

[9] Diretor de Artes da Editora Globo.

Sumário

1. INTRODUÇÃO — 1

   1.1 Motivações — 1

   1.2 Histórico — 2

   1.3 Conceitos Fundamentais — 5

2. CARACTERÍSTICAS DO SISTEMA DE CONTROLE — 9

   2.1 Conceito de Controle Automático — 9

   2.2 Características do Objeto de Controle — 13
      2.2.1 Sistemas instantâneos e sistemas dinâmicos — 13
      2.2.2 Sistemas híbridos (SVC e SED) — 14

   2.3 Modelagem do Dispositivo de Controle — 16
      2.3.1 Estrutura do dispositivo de controle — 16
      2.3.2 Descrição da operação de Controladores Programáveis (CP) — 16
      2.3.3 Diagrama de blocos do dispositivo de controle — 19

   2.4 Modelagem e Características do Sistema de Controle — 20
      2.4.1 Exemplo prático — 22

   2.5 Técnicas de Processamento do Controle — 27
      2.5.1 Combinações lógicas — 29
      2.5.2 Manutenção e não-manutenção de estados — 30
      2.5.3 Detecção da mudança de estado — 31
      2.5.4 Processamento temporizado — 31
      2.5.5 Intertravamento — 32
      2.5.6 Chaveamento ou comutação — 34

3. MODELAGEM DAS TAREFAS DE CONTROLE — 35

   3.1 Descrição do algoritmo de controle — 35

   3.2 Diagrama de Relés (LD: Ladder Diagram) — 37

viii *Controle Programável - Fundamentos do controle de SED*

3.2.1 Elementos básicos do diagrama de relés	39
3.2.2 Diagrama de relés e as funções básicas de controle	44
3.2.3 Representação matricial equivalente	46
3.2.4 Comparação com circuitos elétricos	49
3.2.5 Problemas do diagrama de relés	51

3.3 Linguagens Padronizadas — **51**

3.3.1 Classificação das linguagens para controle	52
3.3.2 Elementos das linguagens de programação	58
3.3.3 Funções	64
3.3.4 Linguagem de máquina e linguagem de controle	68
3.3.5 Notas adicionais sobre o padrão IEC	69

4. REPRESENTAÇÃO DE SED POR REDES DE PETRI — 71

4.1 Conceitos gerais — **71**

4.1.1 Componentes ativos e passivos	74
4.1.2 Comportamento dinâmico	76
4.1.3 Relação entre as representações por redes	77

4.2 Redes condição-evento — **77**

4.2.1 Regras	80
4.2.2 Conflito	80
4.2.3 Contactos e complementação	82
4.2.4 Exemplos adicionais	84

4.3 Redes lugar-transição — **85**

4.3.1 Pesos dos arcos orientados	89
4.3.2 Regras	90
4.3.3 Contactos e complementação	91
4.3.4 Exemplos Adicionais	92

4.4 Redes de Marcas Individuais (Redes Coloridas) — **94**

4.4.1 Arcos com inscrições fixas	94
4.4.2 Regras para redes com arcos com inscrições fixas	97
4.4.3 Outras possibilidades para arcos com inscrições fixas	97
4.4.4 Arcos com inscrições variáveis	100
4.4.5 Regras para redes com arcos com inscrições variáveis	103
4.4.6 Possibilidades para arcos com inscrições variáveis	104
4.4.7 Redes de marcas individuais (Redes Coloridas)	110

4.5 Redes de Petri e Controle de SED — **112**

5. Desenvolvimento do Controle por Redes — 115

5.1 Production Flow Schema (PFS) — 116
5.1.1 Elementos estruturais — 117
5.1.2 Regras — 118
5.1.3 Exemplo — 119

5.2 Mark Flow Graph (MFG) — 120
5.2.1 Propriedades a serem consideradas — 120
5.2.2 Elementos estruturais — 121
5.2.3 Marcação e seu comportamento dinâmico — 123
5.2.4 Descrição matemática — 125
5.2.5 Características estruturais do grafo — 128
5.2.6 "Deadlock" no MFG — 131
5.2.7 MFG e o controle de sistemas — 133
5.2.8 Introdução do conceito de tempo — 133
5.2.9 Modularização do MFG — 134

5.3 Metodologia PFS/MFG — 136
5.3.1 Representação em MFG da atividade e do distribuidor — 137
5.3.2 Representação de recursos no MFG — 138
5.3.3 Nível da atividade e sua representação por MFG — 140
5.3.4 Exemplos — 140

5.4 Notas adicionais sobre PFS e MFG — 146

6. Metodologia de Projeto de Sistemas de Controle — 149

6.1 Análise de necessidades — 152
6.1.1 Identificação do objetivo final do sistema — 154
6.1.2 Estudo do objeto de controle, equipamentos e instalações — 155
6.1.3 Organização dos conhecimentos sobre os dispositivos e a instalação — 158
6.1.4 Levantamento e análise das funções de controle — 158

6.2 Definição das necessidades — 162
6.2.1 Definição das funções de controle — 163
6.2.2 Definição do fluxo das funções de controle — 168

6.3 Projeto do sistema de controle — 170
6.3.1 Definição das interfaces e alocação das funções — 171
6.3.2 Definição e alocação dos sinais de entrada e saída — 173
6.3.3 Definição da estrutura do programa — 175

6.4 Projeto do software de controle — 177
6.4.1 Projeto com reutilização — 178

6.4.2 Projeto de programas ... 179
6.4.3 Projeto de programas não padronizados ... 181

6.5 Desenvolvimento do software de controle e testes ... **182**

6.6 Observações sobre a Metodologia ... **183**

7. REFERÊNCIAS BIBLIOGRÁFICAS ... 185

8. APÊNDICE - SEQUENTIAL FLOW CHART (SFC) ... 187

1. Introdução

1.1 Motivações

O conceito de SED (**Sistemas a Eventos Discretos**) envolve uma tecnologia que num sistema produtivo industrial é tão importante quanto o conceito de SVC (sistemas de variáveis contínuas). Entretanto, apesar da grande experiência acumulada nas aplicações práticas, a sistematização e a base teórica de SED ainda são muito incipientes se comparadas as de SVC.

No controle de SVC, as teorias de Controle Robusto e Controle Moderno estão sendo amplamente aplicadas para problemas difíceis de serem tratados pelas técnicas de Controle Tradicional, como o projeto de sistemas de controle ótimo, análise da estrutura de sistemas de controle e análise do comportamento dinâmico. Por outro lado, no controle de SED, estão sendo desenvolvidos novos controladores baseados na tecnologia de computadores, que estão substituindo completamente a tecnologia de sistemas de controle baseados em relés eletromagnéticos. Os novos controladores, por possuirem uma estrutura diferente dos antigos, necessitam de novas técnicas de desenvolvimento (fabricação e programação), manutenção e utilização.

Na tecnologia do controle de SED tradicional, o **Controle Sequencial**, os procedimentos específicos de cada instalação (planta) eram implementadas através de um circuito elétrico baseado em relés. Esta implementação permite a análise baseada na correspondência entre o comportamento do circuito e as operações dos dispositivos. A verificação da evolução do procedimento de controle e a identificação de falhas do sistema é difícil de ser realizada. Além disso, como a estrutura do dispositivo de controle é diferente para cada tipo de processo, seu projeto e construção são específicos para cada instalação.

Nos controladores baseados na tecnologia de computadores, o **Controle Programável**, a estratégia de controle está baseada na execução de um programa que define a evolução dos processos. Como o programa fica armazenado numa memória interna do controlador, qualquer alteração dos procedimentos pode ser realizada muito facilmente, isto é, por software. Além disso, como processos, mesmo específicos, independem da estrutura de hardware, os controladores podem ser produzidos em grande quantidade reduzindo assim o seu custo.

Apesar do conteúdo de cada processo diferir para cada instalação, procedimentos específicos podem ser implementados através do desenvolvimento de programas para controladores de uso geral e assim, a tecnologia de software é cada vez mais importante como base para uma efetiva aplicação dos controladores e envolve temas como: linguagens de programação específicas para o controle de SED e facilmente utilizáveis pelos usuários; análise da interação entre o controlador e o objeto de controle; formas de representação apropriadas para a análise; teste do funcionamento da instalação com os controladores; metodologias para o projeto de sistemas que permitam a identificação fácil de erros e falhas; etc. Além disso, com a adição da tecnologia de comunicação, a transmissão de dados entre controladores e a troca de informações com computadores e outros dispositivos também podem ser implementadas. Assim, o presente trabalho tem como objetivo a apresentação de uma base para o tratamento sistemático destes temas com ênfase na modelagem e controle de sistemas de manufatura.

1.2 HISTÓRICO

Segundo alguns pesquisadores, considera-se o ano de 1804, quando Jacquard inventou a máquina de tear com cartões perfurados, o "início" do controle de sistemas seqüenciais que são uma classe de SED. Entretanto, antes disso, no século XVIII já existem registros de uma máquina de tear automática com cartões perfurados (~1790-1801), de uma moenda automática por esteiras (~1791). Como o dispositivo de controle por realimentação (regulador) de Watt, que marca o "início" do controle de SVC, foi desenvolvido em ~1784, pode-se afirmar que o controle de SED possui uma história tão antiga quanto o controle de SVC. Em ~1824, Sturgeon desenvolveu o eletroimã que permitiu a Henry construir o relé eletromagnético em ~1836. A Álgebra de Boole, que é uma das bases matemáticas do controle de SED, foi proposta por Boole em 1854 e, em 1936, Stiblitz desenvolve a primeira calculadora eletrônica feita à base de relés.

A tecnologia do controle de SED é assim estruturada sobre estas tecnologias e teorias. Durante a década de 40 o sistema de controle de SED possuía a seguinte forma:

Capítulo 1 - Introdução   *3*

[OPERADOR]
⇕
[DISPOSITIVO DE CONTROLE
⇕
[OBJETO DE CONTROLE]

Entretanto, a partir da década de 50, com a introdução do conceito de monitoração e controle remoto, o sistema de controle de SED foi modificado para a seguinte forma:

[OPERADOR]
⇕
[DISPOSITIVO DE MONITORACAO]
⇕
[DISPOSITIVO DE CONTROLE]
⇕
[DISPOSITIVO DE ATUACAO]
⇕
[OBJETO DE CONTROLE]

Tem-se assim a divisão entre das funções de "monitoração" e "atuação" do "controle". O primeiro é responsável pelas funções de inteface com o operador e, o segundo, pelas funções de atuação no objeto de controle.

Durante as décadas de 60 e 70 observou-se a evolução para sistemas centralizados e de grande porte. A introdução da tecnologia eletrônica, a partir de 1960, resulta no desenvolvimento de circuitos de controle eletrônicos e chaveamentos sem contactos físicos. Com a introdução da técnica de relés sem contactos físicos, implementados por transistores, os dispositivos de controle ficaram menores e mais confiáveis. Entretanto, a garantia de não ocorrência de mal funcionamento devido a ruídos induzidos é um novo problema.

No final da década de 60, os circuitos integrados (CI) permitiram o desenvolvimento de minicomputadores, que foram logo utilizados para o controle on-line de processos industriais. O impacto mais relevante que os computadores introduziram no controle de SED foi uma especificação técnica de 10 ítens divulgada pela General Motors (Estados Unidos) em 1968 (Tabela 1.1). Em 1969 já surgiram os primeiros controladores baseados nesta especificação.

4　　*Controle Programável - Fundamentos do controle de SED*

Tabela 1.1 Condições estabelecidas pela GM para os novos controladores

item	Descrição
1	Deve ser fácil de ser programado, isto é, as operações seqüênciais devem ser facilmente alteráveis, mesmo na própria planta.
2	Deve ser de fácil manutenção; se possível deveria ser baseado totalmente num conceito "plug-in".
3	Deve possuir características operacionais de alta confiabilidade (bem maior que os dispositivos a relés), considerando-se o ambiente industrial.
4	Deve possuir dimensões menores que os painéis à relés para redução do custo do espaço físico.
5	Deve ter capacidade de enviar dados para um sistema central.
6	Deve ter preço competitivo em relação aos atuais dispositivos a relés e/ou eletrônicos.

Além destas considerações básicas, os novos controladores devem satisfazer também as seguintes especificações:

item	Descrição
a	Deve ter capacidade de receber sinais de entrada de 115V CA.
b	Deve ter capacidade de enviar sinais de saída de 115V CA (2A no mínimo, para o acionamento direto de válvulas solenóides, pequenos motores, etc.)
c	Deve possibilitar expansões na forma de módulos para atender sistemas de maior porte.
d	Cada unidade deve possibilitar a expansão de, no mínimo, 4000 palavras na memória do programa.

A partir da metade da década de 70, os novos controladores multiplicaram suas funções com a introdução dos microprocessadores de propósito geral. Estes foram então denominados Controladores Lógico Programáveis (CLP). Nos fins da década de 70, com o desenvolvimento de microprocessadores de 16 bits, microprocessadores tipo bit-slice, e tecnologia de multi-processamento, um CLP poderia incorporar todos os tipos de funções necessárias para a realização do controle de SED.

O CLP era definido como um dispositivo eletrônico para aplicações industriais que, para execução de funções como operações lógicas, seqüencialização, temporização e compu-tação numérica, possui uma memória onde ficam gravadas na forma de uma lista de palavras de comando que é o procedimento de controle. Baseado no conteúdo desta memória, a operação de máquinas e/ou processos são controlados através de sinais de saída digitais e/ou analógicos.

A partir de 1980, as funções de comunicação do CLP foram aperfeiçoadas, permitindo sua aplicação dentro de um sistema de controle em rede, onde são

CAPÍTULO 1 - INTRODUÇÃO

integradas as técnicas de controle de SED, controle de SVC e processamento de informações para gerenciamento industrial.

Desta forma, exte texto adota o termo Controlador programável (CP) para estes controladores com muito mais recursos (capacidade funcional) que os antigos CLP.

1.3 CONCEITOS FUNDAMENTAIS

O controle pode ser definido como a "aplicação de uma ação pré-planejada para que aquilo que se considera como objeto de controle atinja certos objetivos". Satisfazer certos objetivos, no caso do controle de SVC, geralmente corresponde a igualar o valor de uma certa variável física (variável de controle) a um valor de referência. No caso de controle de SED corresponde à execução de operações conforme um procedimento pré-estabelecido.

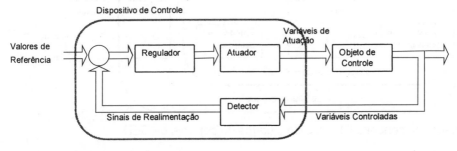

(a) Sistema de controle de SVC

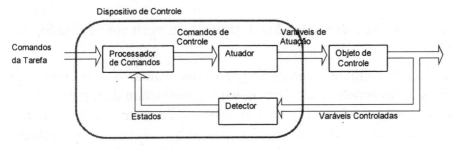

(b) Sistema de controle de SED

Figura 1.1 Diagrama conceitual básico dos sistemas de controle de SVC eSED

Desta forma, considerando-se o procedimento como a ordem em que os fenômenos ocorrem, "controle de SED é o controle que, baseado num procedimento pré-estabelecido ou numa lógica fixa que estabelece um procedimento, executa ordenadamente cada estágio do controle".

A Figura 1.1 ilustra uma comparação entre o sistema de controle de SVC e o sistema de controle de SED. Nos sistemas de controle de SED, não existe o conceito de valor de referência, que é substituido pelo comando da tarefa. O comando da tarefa, o estado identificado e a saída do processador de comandos são, em geral, valores discretos (qualitativos).

As funções do sistema de controle para SED são por sua vez estruturados de acordo com a Figura 1.2.

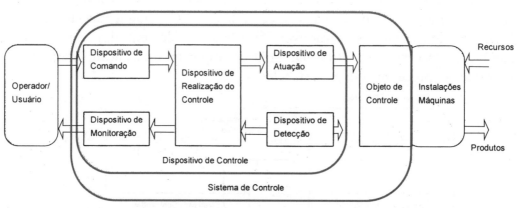

Figura 1.2 Diagrama conceitual básico do sistema de controle de SED

A

Tabela 1.2 apresenta um exemplo dos principais dispositivos utilizados no controle de SED.

Em geral, o objeto de controle é composto por vários elementos e os estados de cada um deles pode ser representado por um valor finito dentro de um "estado de variáveis". Conforme ilustrado na Figura 1.3a, o objeto de controle é formado por m elementos, sendo que estes elementos possuem $N_1, \ldots, N_m$ estados respectivamente. A combinação N_t destas variáveis de estado do objeto de controle é teoricamente:

$$N_t = \prod_{i=1}^{m} N_i$$

Tabela 1.2 Dispositivos utilizados em controle de SED e suas classificações

Classificação	Dispositivos
Dispositivos de Comando	• botoeiras, chaves rotativas, chaves seccionadoras, etc.
Dispositivos de Atuação	• válvulas solenóides, contactores, servo-motores, etc.
Dispositivos de Detecção	• chaves-limites, potenciômetros, chaves-fotoelétricas, termostatos, tacômetros, resolvers, codificadores, etc.
Dispositivos de Monitoração	• lâmpadas sinalizadoras, buzinas, alarmes, mostradores (displays), CRT (Cathode Ray Tube), registradores, etc.
Dispositivos de Realização	• circuitos elétricos, contadores, CPs (Controladores Programáveis), temporizadores, etc.

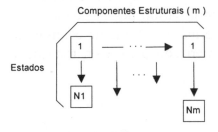

(a) Componentes estruturais do sistema e variáveis de estado

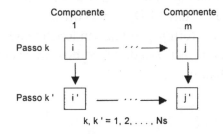

(b) Estado dos componentes e passos do processo

Figura 1.3 Passos do processo

Normalmente em sistemas de controle de SED, o valor de N_i não é muito grande mas, como o valor de m costuma ser alto, o valor de N_t é muito grande. Por outro lado, o valor N_r de combinações que as variáveis de estado de um objeto de controle pode assumir durante sua operação normal geralmente é muito menor que N_t.

Cada uma destas combinações das variáveis de estado N_r representam uma etapa do processo ou estágio do controle de SED (vide Figura 1.3b). Na definição de controle de SED, tem-se que cada passo do processo ocorre conforme regras pré-estabelecidas.

8   *Controle Programável - Fundamentos do controle de SED*

A evolução dos passos do processo é resultante do atendimento (manutenção, satisfação) de todas as condições destas regras. As condições que regulam esta evolução definem dois tipos básicos de controle de SED: o primeiro é o dependente do tempo (time driven), onde as condições para evolução podem ser totalmente representadas através de uma função no tempo. O segundo é o dependente de eventos externos (external event driven), onde as condições para evolução podem ser representadas através de sinais de entrada externos.

Pode-se considerar que a evolução (alteração) dos passos de um processo ocorre de forma instantânea (a constante de tempo do sistema de controle deve ser muito menor que as constantes de tempo envolvidas no processo a ser controlado). E, como o número de estados de um objeto de controle pode ser representado por um valor finito, pode-se utilizar uma representação por valores discretos.

A dinâmica dos passos de um processo tem natureza assíncrona, pois depende exclusivamente da satisfação das condições de evolução. Além disso, quando o sistema de controle de SED é formado por vários sub-sistemas, cada um dos sub-sistemas é um SED, e a evolução dos passos em cada um destes sub-sistemas ocorre de forma paralela (independente). Desta forma, o sistema de controle de SED pode ser estudado como um sistema caracterizado pelo assincronismo e paralelismo.

2. Características do Sistema de Controle

Conforme citado no Capítulo anterior, o sistema de controle deve considerar a natureza do SED. Baseado nesta abordagem, descreve-se a seguir os conceitos básicos da teoria de controle automático e uma forma concreta de modelagem deste tipo de sistema de controle.

2.1 Conceito de Controle Automático

As exigências em relação ao produto (exigência de qualidade, alta produção), exigências em relação às instalações produtivas (exigência de alta confiabilidade, baixo consumo energético e de material), exigências em relação à operação (exigência de prazo, segurança, proteção, facilidade de operação), etc. sempre existem e são cada vez mais rigorosas para atender as necessidades da sociedade. Para atender a tais exigências, são introduzidas novas tecnologias e melhorias nos processos de produção, nas instalações, equipamentos, máquinas e sistemas de controle. Um meio bastante efetivo para atender às exigências citadas acima é a introdução da automatização.

A base tecnológica para a realização da automação é o Controle Automático, que pode ser dividido genericamente em duas grandes classes:

- Controle quantitativo;
- Controle qualitativo.

O controle de SVC é uma das técnicas mais efetivas para a implementação do controle quantitativo. Esta técnica é utilizada para controlar sistemas que possam ser governados através de valores mensuráveis como a velocidade de rotação de um servomecanismo ou o volume de líquido em um tanque. No controle de SVC o valor real (atual) da variável é constantemente comparada ao valor de referência para que a variável física (velocidade, torque, temperatura, força, posição, campo eletromagnético, etc.) mantenha ou atinja um valor desejado.

10   *Controle Programável - Fundamentos do controle de SED*

A teoria de controle de SVC é bem sistematizada e muito aplicada, pois muitos objetos de controle podem ser considerados de natureza contínua e linear ou podem ser linearizadas. No controle de SVC vários conceitos e teorias foram desenvolvidas e validadas como por exemplo, a função de transferência de objetos de controle com 1 entrada e 1 saída; a equação dos espaços de estados que fornece a base teórica para o tratamento indistinto de sistemas com 1 variável ou muitas variáveis; etc.

Na Tabela 2.1 é apresentado um quadro comparativo das duas classes de Controle Automático.

Tabela 2.1 Controle Automático

Controle de SVC	• em geral, o objeto de controle trabalha com variáveis continuas, isto é manipula informações contínuas; • é um controle efetivo para o controle de variáveis físicas como os fluidos na indústria de processos; • envolvem conceitos de controle com realimentação negativa, controle de malha fechada; • pode ser considerado como um tipo de controle quantitativo; • a estrutura de controle é geralmente em malha fechada.
Controle de SED	• em geral, o objeto de controle trabalha com estados e eventos discretos, isto é, manipula informações discretas; • é um controle imprescindível para o controle de processos que ocorrem, por exemplo, na indústria mecânica; • este controle envolve o controle qualitativo e o processamento do comando de controle; • a estrura de controle não é necessariamente em malha fechada.
Controle Quantitativo	• neste caso, o contúdo dos comandos de controle possuem uma quantidade infinita de informações, isto é, informações analógicas e/ou informações contínuas.
Controle Qualitativo	• neste caso, o conteúdo dos comandos de controle possuem um número finito (muitas vezes binário) de informações, isto é, informações discretas e/ou informações digitais.

Considere **u**, o vetor coluna das entradas: $\mathbf{u} = \begin{bmatrix} u_1(t) \\ u_2(t) \\ \vdots \\ u_n(t) \end{bmatrix}$

CAPÍTULO 2 - CARACTERÍSTICAS DO SISTEMA DE CONTROLE

x, o vetor coluna das variáveis de estado interno: $\mathbf{x} = \begin{bmatrix} x_1(t) \\ x_2(t) \\ \vdots \\ x_n(t) \end{bmatrix}$

y, o vetor coluna das saídas: $\mathbf{y} = \begin{bmatrix} y_1(t) \\ y_2(t) \\ \vdots \\ y_l(t) \end{bmatrix}$

todos referentes ao objeto de controle.

Com isto, o objeto de controle no controle de SVC pode ser representado pelas seguintes equações de estado e de saída:

$$\frac{d}{dt}\mathbf{x} = F(\mathbf{x},\mathbf{u}) \tag{2.1}$$

$$\mathbf{y} = G(\mathbf{x},\mathbf{u}) \tag{2.2}$$

onde, $F(.)$ e $G(.)$ são funções vetoriais de dimensões n e l respectivamente.

Se o objeto de controle for linear ou linearizável, as expressões (2.1) e (2.2) ficam:

$$\frac{d}{dt}\mathbf{x} = A\mathbf{x} + B\mathbf{u} \tag{2.3}$$

$$y = C\mathbf{x} + D\mathbf{u} \tag{2.4}$$

onde, A, B, C e D são, respectivamente, matrizes de dimensões $n \times n$, $n \times m$, $l \times n$ e $l \times m$. A Figura 2.1 apresenta estas relações.

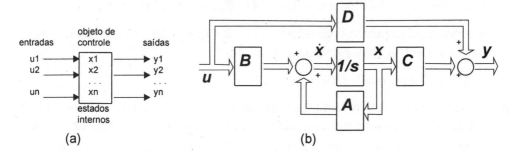

Figura 2.1 Modelo do objeto de controle no controle de SVC

Por outro lado, no caso do controle qualitativo, a técnica mais representativa de sua implementação é o controle de SED. Nesta técnica, considera-se que os vários elementos (estruturais) que compõem o objeto de controle possuem um número finito de estados que podem assumir. Por exemplo: ligar/desligar o motor da bomba, abrir/fechar a válvula de um tanque, avançar/recuar o carro, subir/descer o braço, acionar/cortar a alimentação, etc. É o controle de variáveis descontínuas no tempo e no espaço (e que normalmente considera-se que assumam valores discretos). Os vários elementos como o motor da bomba, válvula do tanque, volume do líquido, etc. que compõem o objeto de controle e os seus respectivos estados finitos como ligado/desligado, aberto/fechado, máximo/intermediário /mínimo, etc., podem ser representados todos por um conjunto limitado de estados.

O conjunto válido dos estados dos vários elementos estruturais do objeto de controle é chamado de passo (step) do processo de controle.

Portanto, abstrair e modelar o objeto de controle significa neste caso definir como os estados dos elementos estruturais do objeto de controle devem evoluir em função das entradas de atuação e como combinar os estados destes elementos para resultar nos passos desejados como saída.

Os objetos de controle para o controle de SED podem ser representados por equações de estado e de saída a seguir:

$$\mathbf{z}(k+1) = h\{\mathbf{z}(k), \mathbf{v}(k)\} \tag{2.5}$$

$$\mathbf{w}(k) = q\{\mathbf{z}(k), \mathbf{v}(k)\} \tag{2.6}$$

onde, $\mathbf{v}$ representa o vetor dos sinais de entradas de atuação sobre os m elementos estruturais;

$\mathbf{z}$ representa o vetor dos n estados dos m elementos estruturais;

$\mathbf{w}$ representa uma variável vetorial de saída que é uma combinação dos m elementos estruturais e n estados assumidos por estes; e

$h\{.\}$ e $q\{.\}$ são funções matriciais.

A equação (2.5) indica que o estado interno de um elemento estrutural num passo seguinte depende do estado presente do próprio elemento e do sinal de entrada presente, enquanto que (2.6) mostra que a saída depende do estado atual e da entrada atual do elemento. A relação entre (2.5) e (2.6) está representada na Figura 2.2.

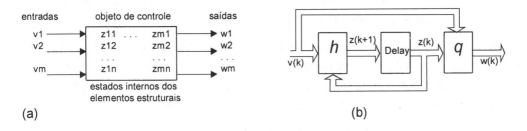

Figura 2.2 Modelo do objeto de controle no controle de SED

Assim, observa-se que no controle de SVC o princípio de qualquer ação está na comparação da saída do objeto de controle (variável física) com o valor de referência e onde o controle atua de modo a eliminar a diferença entre os dois valores. Desta forma, o objetivo e a estrutura que o sistema de controle deve possuir ficam determinados de forma unívoca. Em contrapartida, no controle de SED, devido às instalações e os equipamentos, que são objetos de controle, serem uma estrutura resultante da composição de muitos elementos independentes, e que além disso possuem uma interface com o ser humano, pode-se conceber diferentes maneiras de atingir um mesmo objetivo. Para se conseguir um sistema ótimo é necessário compreender bem o objetivo desejado (o problema proposto) e o objeto a ser controlado.

2.2 Características do Objeto de Controle

2.2.1 Sistemas instantâneos e sistemas dinâmicos

No objeto de controle existem as entradas de atuação e as saídas possuem alguma relação de causa e efeito com estas.

Se a saída no instante t for dependente somente do valor da entrada no mesmo instante, o sistema é dito instantâneo (de memória nula). Se a saída num instante t for dependente das entradas atuais (presentes) e as entradas anteriores (passadas) ou ainda de condições iniciais, o sistema é chamado de dinâmico (com memória).

Um sistema de produção onde as peças geralmente sofrem várias operações (ou processos) numa única máquina é um exemplo típico de sistema dinâmico pois

14   *Controle Programável - Fundamentos do controle de SED*

não é possível identificar qual é a etapa corrente ou o estado de funcionamento das máquinas conhecendo-se somente a situacão das entradas atuais.

Além disso, o estudo e realização do controle envolve a correta abstração do objeto de controle, isto é, a concepção do seu modelo. Assim, nos objetos de controle considerados como sistemas dinâmicos, são necessários registros de entradas passadas ou modelos dos estados internos do objeto.

No caso em que se considera como objeto as entidades físicas que variam continuamente (quando trata-se de SVC) como por exemplo, posição, velocidade, aceleração, etc. a utilização de equações íntegro-diferenciais são efetivas e geralmente são apresentadas sob a forma de equações de estado.

Entretanto, o objeto do controle de SED no caso de sistemas produtivos, é geralmente um sistema que é composto por muitos elementos que se relacionam de modo complexo entre si. Para modelá-lo, considera-se que cada um dos elementos que compõem o objeto de controle são independentes entre si e que cada um possui estados próprios.

Os estados dos elementos podem evoluir de duas maneiras:

- Dependendo apenas da entrada presente;
- Dependendo das entradas e dos estados passados.

Tanto uma como a outra possuem evoluções (transições) de estado que dependem de um evento, o sinal de entrada, e por isso, são chamadas de sistemas dirigidos por eventos. Além disso, considerando-se que cada elemento do sistema é independente, a evolução dos estados de cada componente ocorre assincronamente e paralelamente.

2.2.2 Sistemas híbridos (SVC e SED)

Na prática, estão ficando cada vez mais freqüentes os sistemas de controle que tratam em conjunto estas duas classes de controle, de SVC e SED. Além disso, graças ao decréscimo do custo dos CP e a evolução das técnicas de transmissões de dados, estão sendo concebidos sistemas de grande porte com funções distribuídas em níveis de planejamento (gerenciamento) e níveis de operação (automática/manual). Nestes sistemas distribuídos, as funções são hierarquizadas para assegurar a segurança e a manutenção. A Figura 2.3 apresenta um exemplo de aplicação em fábricas automatizadas (FA). Os dispositivos que controlam as instalações e as máquinas diretamente são chamados de dispositivos de controle distribuído e estes são interligados em rede através de sistemas de comunicação de alta velocidade onde também está instalado o controlador de nível superior. Podemos associar aos dispositivos de controle distribuído os operadores locais e ao controlador superior os serviços de gerenciamento. Neste tipo de sistema de controle distribuído de funções hierarquizadas, as ordens de produção, montagem, etc. são enviadas dos níveis superiores aos inferiores e as respostas (relatórios, avisos, etc.) percorrem o caminho inverso. No nível inferior, ou seja, entre os dispositivos de controle distribuído existem trocas de informações de estado, intertravamentos, etc. Assim, assegura-se a efetiva supervisão geral do sistema durante seu funcionamento (garantia de qualidade), ao mesmo tempo em que podem ser executados estudos para melhorar (otimizar) a produção (alta produtividade).

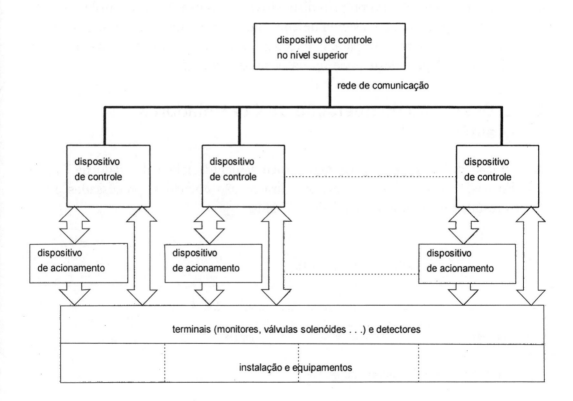

Figura 2.3 Exemplo de um sistema ditribuído (e hierárquico)

2.3 MODELAGEM DO DISPOSITIVO DE CONTROLE

2.3.1 Estrutura do dispositivo de controle

Foi ilustrado na Figura 1.2 a estrutura básica de um sistema de controle de SED. Os modos de funcionamento dos dispositivos de comando, atuação, detecção e monitoração também podem ser representados por SED.

No controle de SED, as operações fundamentais (como operações lógicas, aritméticas e temporizações) são realizadas por dispositivos tais como operadores lógicos, operadores aritméticos e temporizadores. Estes dispositivos possuem sinais de entrada e/ou saída que podem assumir valores discretos. Os Controladores Programáveis (CP) são providos de todas estas operações básicas de controle e representam o próprio dispositivo de realização do controle ou, pelo menos, a parte principal do sistema de controle. Como o dispositivo de realização do controle é fundamental para a execução das atividades do dispositivo de controle, a modelagem deste pode ser baseada na estrutura dos CP.

2.3.2 Descrição da operação de Controladores Programáveis (CP)

A operação de CP está baseada num processamento cíclico ilustrado na Figura 2.4. Em cada ciclo, primeiramente as entradas são coletadas, processadas e por fim os resultados obtidos são enviados às saídas.

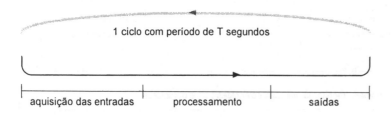

Figura 2.4 Ciclo de processamento do CP

Adota-se aqui a hipótese de que durante a recepção dos sinais de entrada o estado interno do CP e as saídas permanecem invariantes, e que o processamento se inicia depois que os sinais de entrada são amostrados (Figura 2.5). Assume-se também que durante a amostragem dos sinais de entrada estes permanecem inalterados. Os valores dos estados internos e das saídas também permanecem inalterados desde o início do período em que os sinais de saída estão disponíveis até o período de amostragem dos novos sinais de entrada. Desta forma, considera-se que qualquer alteração dos valores das entradas, estados internos e saídas só podem ocorrer fora deste intervalo de tempo. Na Figura 2.5 as linhas cheias indicam os intervalos onde os valores são invariantes, e as linhas tracejadas os intervalos onde as variações ocorrem.

Os valores de entrada, estados internos e saídas de um CP são indicados por:

u(k): vetor que representa os valores de entrada no instante de amostragem kT

x(k): vetor que representa os valores dos estados internos no instante de amostragem kT

y(k): vetor que representa os valores das saídas no instante de amostragem kT

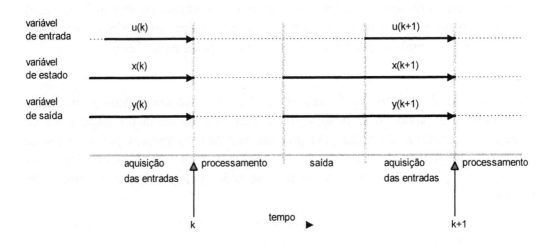

Figura 2.5 Definição dos instantes de amostragem

Quando a evolução dos estados internos do CP é definida pela ocorrência de eventos externos, o valor dos estados internos no instante de amostragem (k+1), **x**(k+1) é representado por uma função de **x**(k) e de **u**(k). Além disso, o valor das saídas em cada instante de amostragem é representado por uma função dos estados internos no mesmo instante de amostragem. Desta forma, a operação do CP pode ser descrita pelas seguintes equações:

$$\begin{cases} \mathbf{x}(k+1) = f\{\mathbf{x}(k),\mathbf{u}(k)\} \\ \mathbf{y}(k) = g\{\mathbf{x}(k)\} \end{cases} \quad (2.7)$$

onde, $k = 0, 1, 2,...$ e $f\{.\}$ e $g\{.\}$ são funções vetoriais.

Quando a evolução dos estados internos do CP é definida temporalmente, considera-se a existência de um tipo de "relógio" interno do CP. Como a operação do CP possui um intevalo de tempo básico definido pelo período T de um ciclo, o "relógio" interno do CP atua segundo um número inteiro de períodos deste ciclo. Desta forma, uma vez que o período T do ciclo é constante, o "relógio" interno pode ser representado por pulsos gerados a cada ciclo combinados com operadores aritméticos de forma adequada.

Como os elementos temporizadores do sistema de controle podem utilizar como base de tempo o período T, existem CP que contém estes elementos cujos comportamentos também podem ser representados pelas equações (2.7).

Na equação (2.7), os valores de entrada $\mathbf{u}(k)$ do CP são compostos pelos sinais provenientes da saída do dispositivo de comando e da saída do dispositivo de detecção. Os valores de saída $\mathbf{y}(k)$ por sua vez são compostos pelos sinais de entrada do dispositivo de atuação e do dispositivo de monitoração. Desta forma, as funções da equação (2.7) podem ser representadas pelo diagrama de blocos da Figura 2.6.

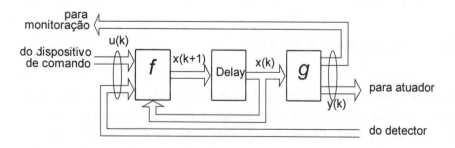

Figura 2.6 Diagrama de blocos do CP

CAPÍTULO 2 - CARACTERÍSTICAS DO SISTEMA DE CONTROLE   19

2.3.3 Diagrama de blocos do dispositivo de controle

Admitindo que não existem atrasos nos dispositivos de comando, atuação, monitoração e detecção, as respectivas funções de entrada e saída são definidas por:

- Dispositivo de comando:

    $$\mathbf{u}_C(k) = f_C\{\mathbf{s}(k)\}$$

    onde, $\mathbf{u}_C$ é a saída do dispositivo de comando, $\mathbf{s}$ é a entrada e $f_C\{.\}$ uma função vetorial.

- Dispositivo de atuação:

    $$\mathbf{v}(k) = g_C\{\mathbf{y}_C(k)\}$$

    onde, $\mathbf{v}$ é a saída do dispositivo de atuação, $\mathbf{y}_C$ é a entrada e $g_C\{.\}$ uma função vetorial.

- Dispositivo de detecção:

    $$\mathbf{u}_D(k) = f_D\{\mathbf{w}(k)\}$$

    onde, $\mathbf{u}_D$ é a saída do dispositivo de detecção, $\mathbf{w}$ é a entrada e $f_D\{.\}$ uma função vetorial.

- Dispositivo de monitoração:

    $$\mathbf{r}(k) = g_D\{\mathbf{y}_D(k)\}$$

    onde, $\mathbf{r}$ é a saída do dispositivo de monitoração, $\mathbf{y}_D$ é a entrada e $g_D\{.\}$ uma função vetorial.

A Figura 2.7 ilustra o diagrama de blocos do dispositivo de controle.

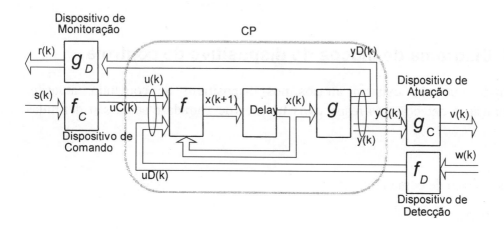

Figura 2.7 Diagrama de blocos do dispositivo de controle

2.4 MODELAGEM E CARACTERÍSTICAS DO SISTEMA DE CONTROLE

A Figura 2.8 apresenta o exemplo de um diagrama de blocos de todo o sistema de controle. Este diagrama é formado através da combinação dos diagrama de blocos do dispositivo de controle (vide Figura 2.7) com o diagrama de blocos do objeto de controle (vide Figura 2.2).

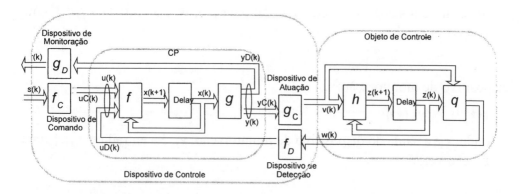

Figura 2.8 Diagrama de blocos do sistema de controle de SED

Pelo diagrama da Figura 2.6 pode-se notar que as equações de estado do objeto de controle, do dispositivo de controle e da saída podem ser representadas da seguinte maneira:

$$\begin{cases} \mathbf{z}(k+1) = H\{\mathbf{z}(k), \mathbf{x}(k)\} \\ \mathbf{x}(k+1) = F\{\mathbf{x}(k), \mathbf{z}(k), \mathbf{s}(k)\} \\ \mathbf{r}(k) = G\{\mathbf{x}(k)\} \end{cases} \quad (2.8)$$

onde, $H\{.\}$, $F\{.\}$ e $G\{.\}$ são funções vetoriais.

A Figura 2.9 é a representação em diagrama de blocos das equações (2.8). Observa-se que os dois subsistemas que possuem o elemento de atraso estão interligados. Através do diagrama de blocos do CP (vide Figura 2.7) nota-se que o CP pode ser considerado um circuito lógico do tipo Moore. Entretanto, apesar dos circuitos lógicos padrões possuirem somente a capacidade de tratar dados de entrada numa seqüência previamente definida, não se pode afirmar que os sinais de entrada, provenientes do objeto de controle serão desta natureza. A forte inter-relação entre o dispositivo de controle, incluindo o CP, e o comportamento do objeto de controle é uma característica do sistema de controle de SED, que pode ser observada na Figura 2.9.

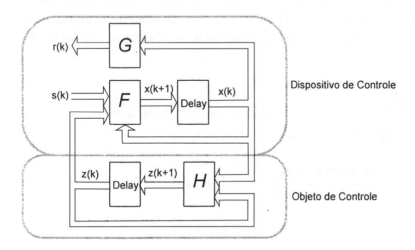

Figura 2.9 Diagrama de blocos simplificado do sistema de controle de SED

As funções das equações (2.5), (2.6), (2.7) e (2.8) são normalmente não-lineares e são normalmente descritos na forma de sistemas de equações não-lineares.

Tanto a equação (2.8) como a Figura 2.9 denotam que a modelagem, considerando como unidade básica de tempo o período do ciclo do CP, faz com que o sistema seja considerado como um sistema dirigido por eventos. A evolução dos passos do processo do objeto de controle (objeto controlado) depende da atuação do dispositivo de controle e a evolução dos estados do dispositivo de controle (controlador) é definida pelo sinal recebido pelo objeto de controle e pelo dispositivo de comando. Mesmo os temporizadores internos do objeto de controle podem ser modelados como elementos que são ativados por meio de sinais externos e portanto podem ser considerados como dirigidos por eventos. Desta forma as funções vetoriais $H\{.\}$, $F\{.\}$ e $G\{.\}$ e das expressões (2.8) não dependem do tempo.

2.4.1 Exemplo prático

Como exemplo de um sistema de controle de SED, está representado, na Figura 2.10, um tanque de medição (um sistema para medir um certo volume fixo de líquido, através do controle de nível do líquido).

Quando o nível do líquido estiver no mínimo (chave de nível 1 em OFF, chave de nível 2 em ON) as válvulas solenóides 1 e 2 permanecem em repouso no modo fechado, acendendo a lâmpada que indica o fim (do processo). Esta lâmpada também representa que o sistema está pronto para a realização da próxima medição.

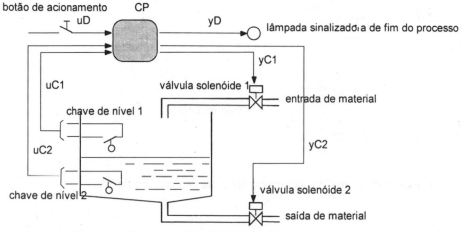

Figura 2.10 Sistema de um tanque de medição

CAPÍTULO 2 - CARACTERÍSTICAS DO SISTEMA DE CONTROLE 23

Pressionando-se o botão nestas condições (com a lâmpada acesa), a válvula 1 abre e inicia-se o processo de medição. A chegada do líquido no nível máximo é detectada pela chave de nível (sensor) 1. Com isto, a válvula 1 fecha e a válvula 2 abre, permitindo o escoamento do líquido. Ao atingir o nível inferior, o sensor de nível 2 é ativado, fechando a válvula 2.

Relacionando a Figura 2.10 e a Figura 1.2, temos que:

- Objeto de controle = tanque de medições

    + tubulação de entrada do material

    + tubulação de escoamento do material medido

- Dispositivos de controle = elemento de realização do controle: CP

    + elemento de atuação: válvulas solenóides 1 e 2

    + elemento de detecção: chaves de nível 1 e 2

    + elemento de comando: botão

    + elemento de monitoração: lâmpada

2.4.1.1 Modelagem do objeto de controle

A escolha das variáveis de estados depende de como se interpreta o objeto de controle. Aqui, identifica-se 3 variáveis de estado:

- z_1: variável que indica a situação do nível do material dentro do tanque: máximo, intermediário ou mínimo.

- z_2: variável binária que indica se existe introdução de material no tanque.

- z_3: variável binária que indica se existe escoamento do material medido do tanque.

Portanto, o número de possíveis estados que o objeto de controle pode assumir é 3 $\times 2 \times 2 = 12$. Porém, no funcionamento normal os passos (estados) do processo são:

- Passo 0 (estado inicial): É o estado de repouso do sistema, ou seja, não há fluxo de material no sistema.

- Passo 1: É o estado que indica o início da medição, ou seja, nível menor que o mínimo e assim existe fluxo de entrada do material e não existe fluxo de saída.

- **Passo 2**: Este estado indica que o nível do material está na faixa intermediária. Quanto aos fluxos, só existe o fluxo de entrada.

- **Passo 3**: Estado indicador de que o material atingiu o nível além do máximo. É o fim da medição. Não existe fluxo de entrada e nem de saída do material.

- **Passo 4**: Estado que indica o início do escoamento. Só existe o fluxo de saída.

- **Passo 5**: Estado que indica que o processo de escoamento está ocorrendo, ou seja, que o nível do material em escoamento no tanque é intermediário. Só existe fluxo de saída.

O processo é cíclico e o próximo passo é idêntico ao Passo 0.

Os outros 6 passos (estados) possíveis teoricamente indicam situações anormais.

Representande a relação dos passos com as variáveis de estado obtém-se o seguinte:

Passo 0: $z_1 = V$, $z_2 = 0$, $z_3 = 0$

Passo 1: $z_1 = V$, $z_2 = 1$, $z_3 = 0$

Passo 2: $z_1 = I$, $z_2 = 1$, $z_3 = 0$

Passo 3: $z_1 = C$, $z_2 = 0$, $z_3 = 0$

Passo 4: $z_1 = C$, $z_2 = 0$, $z_3 = 1$

Passo 5: $z_1 = I$, $z_2 = 0$, $z_3 = 1$

onde, V = nível baixo (vazio), I = nível intermediário, C = nível máximo (cheio), 0 = não existe fluxo de material, 1 = existe fluxo de material

As variáveis de entrada do objeto de controle são:

- v_1: variável binária que representa os estados aberto/fechado da válvula 1;

- v_2: variável binária que representa os estados aberto/fechado da válvula 2.

Os estados das tubulações de entrada e de escoamento dependem somente dos estados aberto/fechado das válvulas 1 e 2. Portanto, as equações de estado ficam:

$$\begin{cases} z_1(k+1) = h_1\{z_1(k), z_2(k), z_3(k)\} \\ z_2(k+1) = h_2\{z_2(k), v_1(k)\} \\ z_3(k+1) = h_3\{z_3(k), v_2(k)\} \end{cases}$$

CAPÍTULO 2 - CARACTERÍSTICAS DO SISTEMA DE CONTROLE   25

onde, $h_1\{.\}$, $h_2\{.\}$ e $h_3\{.\}$ são funções.

As variáveis de saída do objeto de controle são:

- w_1: variável binária que indica se o nível da superfície do material dentro do tanque atingiu ou não o máximo;

- w_2: variável binária que indica se o nível da superfície do material dentro do tanque atingiu ou não o mínimo.

O sistema de equações de saída do objeto de controle fica:

$$\begin{cases} w_1(k) = q_1\{z_1(k)\} \\ w_2(k) = q_2\{z_2(k) \end{cases}$$

onde, $q_1\{.\}$ e $q_2\{.\}$ são funções.

2.4.1.2 Modelagem do dispositivo de controle

- Dispositivo de atuação (válvulas):

    Os sinais de saída das válvulas são as variáveis de entrada v_1 e v_2 do objeto de controle.

    Além disso, os sinais de controle enviados pelo CP (supondo que as válvulas são controladas diretamente pelo sinal de saída do CP) são as variáveis de entrada das válvulas:

    - y_{C1}: variável binária que controla a abertura/fechamento da válvula 1;

    - y_{C2}: variável binária que controle a abertura/fechamento da válvula 2.

    Considerando que não existe atraso na atuação das válvulas, temos as seguintes relações:

    $$\begin{cases} v_1(k) = g_{C1}\{y_{C1}(k)\} \\ v_2(k) = g_{C2}\{y_{C2}(k)\} \end{cases}$$

    onde, $g_{C1}\{.\}$ e $g_{C2}\{.\}$ são funções.

- Dispositivo de detecção (chaves de nível):

    As entradas dos sensores 1 e 2 são as saídas w_1 e w_2 do objeto de controle. Chamaremos as saídas dos sensores de:

    - u_{D1}: variável binária que indica o estado ligado/desligado da chave de nível 1;

26   *Controle Programável - Fundamentos do controle de SED*

- u_{D2}: variável binária que indica o estado ligado/desligado da chave de nível 2.

Considerando que não existe atraso na operação dos sensores, então valem as seguintes relações:

$$\begin{cases} u_{D1}(k) = f_{D1}\{w_1(k)\} \\ u_{D2}(k) = f_{D2}\{w_2(k)\} \end{cases}$$

onde, $f_{D1}\{.\}$ e $f_{D2}\{.\}$ são funções.

- Dispositivo de monitoração (lâmpada):

    O sinal de entrada da lâmpada será (considerando-se que o acende/apaga da lâmpada é controlado diretamente pelo sinal proveniente do CP):

    - y_D: variável binária que controla o acendimento/apagamento da lâmpada.

    Assim, a variável de saída da lâmpada será:

    - r: variável binária que indica o estado aceso/apagado da lâmpada.

    Considerando que não existe atraso neste dispositivo, temos que:

    $$r(k) = g_D\{y_D(k)\}$$

    onde, $g_D\{.\}$ é uma função.

- Dispositivo de comando (botão):

    Representando a entrada e saída do botão, respectivamente por:

    - s: variável binária que indica se existe ou não o acionamento no comando pelo operador;

    - u_C: variável binária que indica o estado ligado/desligado do botão;

    Assim considerando $f_C\{.\}$ uma função, temos:

    $$u_C(k) = f_C\{s(k)\}$$

- Dispositivo de realização do controle (CP):

    As variáveis de entrada e saída do CP são os seguintes vetores coluna:

$$\mathbf{u} = \begin{bmatrix} u_C \\ u_{D1}' \\ u_{D2} \end{bmatrix} \qquad \mathbf{y} = \begin{bmatrix} y_D \\ y_{C1} \\ y_{C2} \end{bmatrix}$$

CAPÍTULO 2 - CARACTERÍSTICAS DO SISTEMA DE CONTROLE

A escolha da variável de estado **x** depende da maneira como foi formulado o sistema de controle e a relação entre a entrada **u** e a saída **y** está indicada na equação (2.7).

2.5 TÉCNICAS DE PROCESSAMENTO DO CONTROLE

O controle de SED, como pode ser deduzido no modelo conceitual do exemplo da Figura 2.3, é composto pelo sinal de entrada enviado pelo operador, sistema de controle superior, sistema de controle distribuído, dispositivo de atuação, objeto de controle, etc., e de acordo com a lógica de controle dos dispositivos envolvidos são gerados os sinais de saída que executam assim o controle do objeto de controle através dos dispositivos de atuação.

Pode-se fazer duas considerações para a saída de controle, ou seja, para o resultado das operações lógicas do dispositivo de controle de SED. Quando o objeto de controle é do tipo instantâneo podemos definir a saída de modo lógico/combinatório, relacionando apenas as entradas no instante presente; porém quando se trata de sistema dinâmico, não é possível conhecer a saída correta somente pela entrada atual, necessitando também considerar as informações passadas das entradas e das saídas, e do modelo do estado interno do objeto de controle.

Portanto, o algoritmo de controle de SED pode ser apresentado por operações lógicas que incluem os valores discretos para as variáveis de entrada, saída, registradores internos e também para aqueles relacionados com o tempo.

Entretanto, a elaboração de um algoritmo de controle de SED baseado apenas nesta técnica nem sempre é simples. Apresenta-se então uma forma de tratamento do controle de SED num nível maior de abstração onde são caracterizadas suas técnicas de processamento, isto é, conceitos que podem ser considerados como postulados do controle de SED.

As funções básicas de cada circuito utilizado no controle de SED, quando se consideram os sinais de entrada e saída, indicam como o sinal de entrada é processado e manipulado para sua conversão no sinal de saída. A Tabela 2.2 representa, através de diagrama de blocos, os circuitos com base em diferentes aspectos: (a) forma de onda dos sinais de entrada e saída, (b) defasagem no tempo dos sinais de entrada e saída, (c) número de entradas e saídas que podem ser tratadas, (d) polaridade dos sinais de entrada e saída. As funções básicas de cada circuito podem incluir também outras funções como: decisão lógica (decisão condicional), memorização, contagem, temporização, etc.

Tabela 2.2 Representação por diagramas de blocos dos circuitos de controle de SED em relação às entradas e saídas

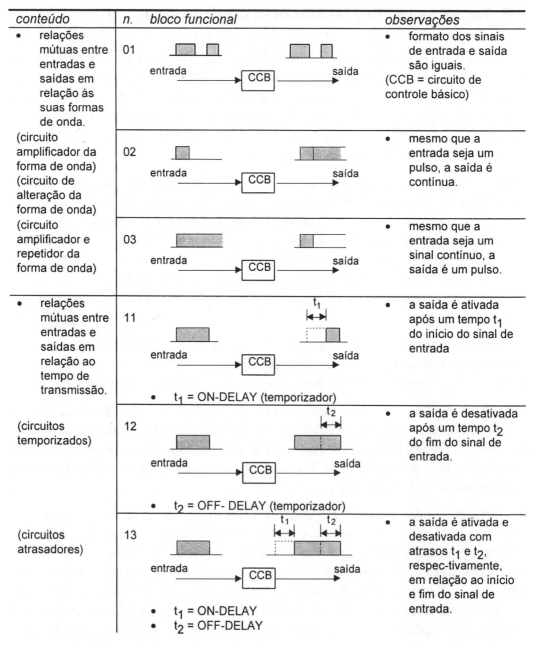

CAPÍTULO 2 - CARACTERÍSTICAS DO SISTEMA DE CONTROLE

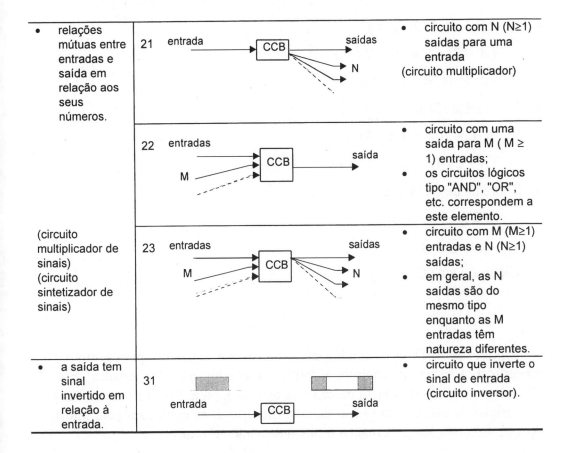

2.5.1 Combinações lógicas

Neste caso, a saída de um sistema é determinada através de uma ou várias entradas, independentemente de sua ordem. Desta maneira, são utilizadas diversas combinações de circuitos lógicos tais como OR, AND, NOT. Para a combinação dos sinais existem propriedades básicas e diversos teoremas e corolários resultantes da aplicação destas propriedades. Em particular, o teorema de DeMorgan que permite a inversão de sinais é muito útil para a simplificação de circuitos de controle.

- Propriedade Comutativa (A, B e C são variáveis Booleanas)

    $A + B = B + A$

    $A \cdot B = B \cdot A$

30 *Controle Programável - Fundamentos do controle de SED*

- Propriedade Associativa

$$(A + B) + C = A + (B + C)$$
$$(A \cdot B) \cdot C = A \cdot (B \cdot C)$$

- Propriedade Distributiva

$$A \cdot C + B \cdot C = (A + B) \cdot C$$
$$(A + C) \cdot (B + C) = A \cdot B + C$$

- Teorema de DeMorgan

$$\overline{A + B + C} = \overline{A} \cdot \overline{B} \cdot \overline{C}$$
$$\overline{A \cdot B \cdot C} = \overline{A} + \overline{B} + \overline{C}$$

- Circuito Don't Care

$$A + \overline{A} = 1$$
$$A \cdot \overline{A} = 0$$

No controle de SED, estas combinações lógicas são utilizadas, por exemplo, para especificar a saída de controle a partir da combinação dos estados de cada elemento estrutural do objeto de controle ou então, para definir as condições para a transição de estados do objeto de controle, isto é, as condições para iniciar as ações e as condições para manter o funcionamento correto.

2.5.2 Manutenção e não-manutenção de estados

Estados indicam situações entre a ocorrência de fenômenos, isto é, num exemplo simples: quando o botão de comando "liga automático" é acionado, o modo de operação automática é mantido e quando o botão de "desliga" é acionado, este modo deixa de ser mantido.

Existem casos onde, através do acionamento e desacionamento de apenas um botão pode-se manter ou deixar de manter um estado. Quando o objeto de controle é um sistema do tipo dinâmico, deve-se armazenar as saídas de controle e os estados passados e, através destes, obter o estado interno do objeto de controle em certos instantes.

Em termos de circuito, existem casos em que são utilizados os circuitos de auto-retenção e casos em que são aplicados os circuitos latch memory (como os flip-

CAPÍTULO 2 - CARACTERÍSTICAS DO SISTEMA DE CONTROLE   *31*

flops) que através de sinais de set ou reset executam a manutenção ou não-manutenção do estado.

2.5.3 Detecção da mudança de estado

Neste caso procura-se detectar a mudança de estado como uma informação de controle, independentemente do estado em si. Existem aqui dois casos: detecção da borda de subida do sinal e detecção da borda de descida.

É utilizado, por exemplo, para as seguintes funções:

* Restringir o número de vezes que um certo processamento é acionado em resposta a um evento (por exemplo, mesmo que o botão seja acionado continuamente, o procedimento de ações correspondente é executada apenas uma vez);

* Detectar o instante de ocorrência de uma operação ou de um erro (falha);

* Não sobrecarregar a transmissão, quando uma grande quantidade de informação é monitorada por outro controlador; etc.

2.5.4 Processamento temporizado

Com a função de atrasar ou adiantar a transmissão do sinal, existem os elementos temporizadores on-delay (acionamento com atraso e retorno instantâneo) e off-delay (acionamento instantâneo e retorno com atraso).

A principal função do temporizador é modelar a ocorrência de um determinado evento através do tempo dispendido para o estabelecimento do estado relacionado a esse evento. Por exemplo, quando um motor é acionado, até que este atinja a velocidade de regime nenhuma operação deveria ser realizada. Assim, o temporizador de confirmação da partida do motor modela a estabilização da velocidade do mesmo, ou seja, passado o tempo do temporizador, pode-se considerar que o motor está em regime. Outro exemplo é o temporizador da máquina de lavar roupa, que modela a lavagem, supondo que as roupas estariam limpas após um certo tempo de operação da máquina.

Além desta modelagem de estados, o temporizador também é utilizado para omitir um sinal durante um tempo determinado (para desconsiderar ruídos eletromecânicos de contacto, por exemplo), limitar a largura do sinal, estender a

32   *Controle Programável - Fundamentos do controle de SED*

largura do sinal, gerar pulsos de largura constante, gerar sinais periódicos de largura pré-determinada, etc., apresentando assim um grande campo de aplicação.

2.5.5 Intertravamento

Afirma-se que intertravamentos são condições restritivas como a habilitação ou inibição de operação ou funcionamento de um equipamento. Entretanto, de forma mais concreta, podem ser considerados como funções que não permitem qualquer tipo de mudança de estado ou de ação até que outros estados ou ações estejam completadas.

Os objetivos principais do intertravamento são: garantir a segurança, evitar danos aos equipamentos e evitar o encadeamento de acidentes. No caso prático, é necessário que uma atenção especial seja dedicada para que os equipamentos não sejam danificados devido a erros de operação ou falhas de funcionamento, ou então, que a estrutura do sistema incorpore o conceito de fail-safe em relação à falhas como queda de energia e defeitos no CP. Existem, em princípio, os seguintes tipos de intertravamentos:

- Intertravamento de partida (de início de movimento ou ação)

    São condições que devem estar satisfeitas no instante de partida (inicialização) e que não são consideradas durante o estado de funcionamento. Em geral, com a ativação do sinal correspondente ao estado de funcionamento, este intertravamento de partida é by-passado. Como exemplos concretos tem-se o posicionamento inicial para operação da máquina, existência de material na entrada do transportador (alimentador), saída da máquina (esteira) livre, etc.

- Intertravamento de funcionamento

    São condições que devem ser satisfeitas não somente na inicialização, mas também durante o funcionamento. Se tais condições não forem satisfeitas durante o funcionamento, deve-se passar para o estado de parada. Por exemplo, fornecimento de energia dentro das especificações, operação da bomba de lubrificação, não existência de sinal de falha no equipamento, etc.

- Intertravamentos temporizados

    Neste caso determina-se um intervalo de tempo entre o funcionamento de cada equipamento, isto é, nos casos em que a detecção das condições

CAPÍTULO 2 - CARACTERÍSTICAS DO SISTEMA DE CONTROLE   33

restritivas necessárias ao intertravamento é muito difícil, utiliza-se o sinal do temporizador (que modela as condições) para realizar o intertravamento.

Por exemplo, na inversão da rotação de um motor, deve-se ter um intervalo de tempo para o re-acionamento no sentido inverso. Esta temporização deve considerar o tempo para a extinção completa do arco elétrico entre os contactos das chaves (para evitar o efeito de curto-circuito através do arco), o tempo para o motor entrar no estado de rotação nula, o tempo para dissipação da energia induzida, etc. Da mesma maneira, estas restrições são considerações necessárias para equipamentos que têm um procedimento de partida com intervalos de tempo entre estes acionamentos.

- Intertravamentos de não simultaneidade

    Este intertravamento evita que certos estados ocorram simultaneamente em diversos equipamentos. Por exemplo, não permitir o acionamento do contator para o sentido normal de rotação do motor simultaneamente com o contator para o sentido inverso de rotação, ou evitar que o gerador de operação normal e o de reserva entrem ambos em funcionamento.

- Intertravamento de seqüência

    Este intertravamento estabelece as condições de habilitação ou inibição de ações entre equipamentos interligados em série. Desta forma, não permite que nenhuma ação futura ou evolução para o próximo estado ocorra enquanto o estado presente não seja completado.

    Por exemplo, no controle de um sistema com uma série de esteiras, o acionamento simultâneo de todas as esteiras não é recomendável devido a sobrecarga de energia e variações de tensão resultantes. Assim, uma maneira de acionar as esteiras é a inicialização ordenada, isto é, primeiro o acionamento das esteiras inferiores (de descarregamento) e a seguir daquelas que ficam nas posições superiores. A parada do sistema também deve seguir o mesmo procedimento, mas na ordem inversa. Uma maneira mais econômica de acionar as esteiras é acionar a esteira inferior somente no momento em que a carga transportada pela esteira imediatamente superior está para chegar.

34 *Controle Programável - Fundamentos do controle de SED*

- Intertravamento do processo

  O sistema de controle de SED realiza a evolução de estados através da ocorrência de eventos, isto é, estabelece as condições de inibição ou habilitação para a transição de estados. Assim, a transição só deve ocorrer se todas as ações e condições das etapas anteriores forem completamente executadas e todos os preparativos para a próxima etapa estarem satisfeitos.

2.5.6 Chaveamento ou comutação

Num sistema de controle de SED o chaveamento de modos e/ou ações é muito freqüente. Assim, tem-se o chaveamento entre o modo local ou remoto, automático ou manual, direto ou indireto, etc., comutação de velocidade em alta, média ou baixa, chaveamento de equipamento normal ou reserva, etc.

Nestes casos, além da definição dos modos de operação e/ou ação, deve-se considerar também os estados em que o chaveamento é permitido. Por exemplo, seja um dispositivo que controla a operação de um equipamento no modo local ou remoto. Existe a necessidade de analisar se é permitido o chaveamento durante a operação do equipamento ou se é necessária a parada parcial (ou total) do equipamento, ou mesmo como atender a certas condições de segurança para execução da comutação.

3. Modelagem das Tarefas de Controle

3.1 Descrição do Algoritmo de Controle

Conforme identificado no Capítulo anterior, as principais características do controle de SED são:

- A transição dos estados pode ocorrer de forma paralela e simultânea;
- Possui funções básicas como: operações lógicas, memorização, temporização, etc.

A primeira característica (transição paralela e simultânea) significa que os estados de diferentes processos podem tanto evoluir independentemente entre si, como com inter-relações mútuas. Desta forma, mesmo que ocorra uma grande variação nos eventos externos, o tempo de execução do controle de SED, isto é, o tempo desde a mudança de um evento externo até a correspondente resposta de controle gerado pelo dispositivo de controle de SED, deve ser suficientemente pequeno. Além disso, mesmo quando o conteúdo do controle é o mesmo, suas relações (mútuas) de precedência no procedimento de controle também podem influenciar o resultado.

A segunda característica enfatiza que, sob o enfoque de aplicação, as funções básicas de controle citadas são essenciais para a realização do controle de SED.

Neste contexto, a linguagem para controle de SED é a forma de descrever concretamente os comandos, para que o dispositivo de controle execute o controle do sistema com as características acima citadas. Por outro lado, é também a linguagem básica para a especificação e elaboração de projetos, sendo assim, uma interface entre o homem e o dispositivo de controle de SED. Assim, é desejável que a linguagem seja:

36 *Controle Programável - Fundamentos do controle de SED*

- Do ponto de vista do homem, uma forma de descrição que expresse de modo natural a especificação do sistema;

- Do ponto de vista do dispositivo de controle de SED, uma descrição simples que seja fácil de ser interpretada e de ser executada.

A ferramenta mais popular nesta área é o diagrama elétrico de relés que tem sido utilizado como um sinônimo de linguagem de controle de sistemas seqüenciais.

No diagrama elétrico de relés é possível uma representação detalhada com livre escolha de conexões para a representação e utilização conjunta de vários tipos de relés. Assim, o técnico em controle de SED geralmente considera como prioritário o fator econômico (custo dos dispositivos, espaço, etc.), preocupando-se em realizar o controle necessário e suficiente com o menor número de relés, explorando de todas as formas os limitados contactos disponíveis.

O relé é acionado eletricamente e gera uma ação mecânica que tem como resultado o chaveamento (liga ou desliga) de um sinal elétrico. O relé é um tipo de dispositivo eletro-mecânico e, desta forma, na elaboração do projeto de controle, é necessário considerar aspectos como: tensão e corrente de acionamento, tensão e corrente de manutenção, tempo de operação, características transitórias no acionamento e desligamento, estratégia para falhas de contacto, etc. Além disto, o controle de SED não tem seus fundamentos teóricos consolidados e nem possui uma sistemática de projeto, fazendo com que muitos o considerassem uma técnica a ser assimilada pela prática experimental.

Estas deficiências motivaram o desenvolvimento do CP que definiu normas para os diferentes tipos de relés e padronizou os procedimentos de controle. Desta forma, conseguiu-se facilitar a tarefa do projeto e adaptações nas estratégias de controle. Ainda, com a redução de seu custo e tamanho, viabilizou-se a difusão dos CP no mercado. De fato, pode-se afirmar atualmente que o controle de SED é conhecido como o controle através de CP.

O CP é um tipo de equipamento computadorizado constituído por uma unidade central de processamento, unidades de entradas/saídas para o processo e um dispositivo de programação. Desta forma, são possíveis várias formas de representação, isto é, de linguagens para controle de SED. Além disso, os CP atualmente incorporam, além das funções necessárias para o controle de SED, funções para processamento de dados e processamentos numéricos altamente complexos.

CAPÍTULO 3 - MODELAGEM DAS TAREFAS DE CONTROLE   37

Neste Capítulo apresenta-se então os detalhes do diagrama de relés[6] devido à sua importância prática e as linguagens padronizadas internacionalmente para o controle de SED.

3.2 DIAGRAMA DE RELÉS (LD: LADDER DIAGRAM)

O ladder diagram é originalmente um termo inglês para a descrição do diagrama de circuitos de relés. Neste texto, o diagrama de relés é apresentado de acordo com a regulamentação para CP do IEC (International Electrotechnical Committee) e, mais adiante, são citadas as diferenças entre o diagrama original de circuitos de relés e o diagrama de relés para CP.

O diagrama de relés possui regras para posicionar e conectar elementos como contactos e bobinas[7], e também regulamenta o fluxo e o processamento dos sinais (vide Figura 3.1).

As regras do diagrama de relés são:

- Os contactos e as bobinas devem ficar na intersecção das linhas e colunas de uma matriz e as bobinas devem ocupar somente a última coluna à direita;

- As linhas verticais das extremidades à direita e à esquerda chamam-se linhas mãe; na da esquerda são conectados os contactos e na da direita são conectadas somente as bobinas (no diagrama da figura, o termo "força" está relacionado com o fluxo de energia que passa nestas linhas mães em analogia à tensão dos circuitos elétricos);

- Os contactos e as bobinas são conectados através de linhas horizontais e não é permitida mais de uma linha em uma única "linha" da matriz; as linhas horizontais são interligadas através de linhas verticais e não se permitem várias linhas em uma única coluna; a intersecção entre uma linha horizontal e uma linha vertical pode ser uma conexão ou apenas um cruzamento sem conexão.

---

[6]Neste texto utiliza-se o termo "diagrama de relés" para a técnica de programação de CP e de "diagrama elétrico de relés" para a técnica de descrição do circuito elétrico com relés eletromagnéticos utilizados na montagem de paineis de controle.

[7]Os contactos e bobinas dos diagramas de relés são elementos que êm comportamento equivalente aos contactos elétricos e bobinas de relés eletromagnéticos.

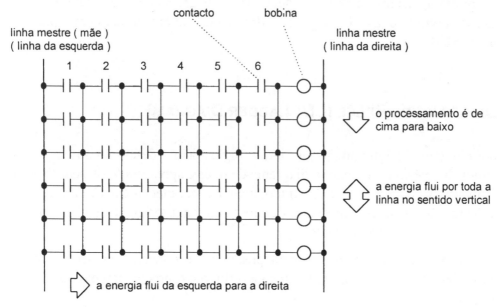

Figura 3.1 Regras do diagrama de relés

As regras para o fluxo e processamento de sinais são:

- A energia (força) flui através das linhas horizontais da esquerda para a direita e de acordo com os estados aberto/fechado dos contactos; executa-se a função lógica AND;

- A energia (força) flui através das linhas verticais de cima para baixo; a linha vertical executa a função lógica OR dos estados das linhas horizontais que estão à sua esquerda, transmitindo o resultado para a(s) linha(s) horizontal(is) à sua direita (isto é, se pelo menos uma das linhas à sua esquerda for ON, o sinal transmitido à sua direita será ON);

- O acionamento (análogo à energização elétrica) das bobinas depende da existência de fluxo de energia da linha horizontal à sua esquerda;

- O processamento do diagrama de relés é realizado de cima para baixo.

A Figura 3.2 ilustra um diagrama de relés elaborado de acordo com as regras acima citadas. As linhas mais grossas indicam contactos, bobinas, linhas horizontais e linhas verticais em estado ON. Os pontos ① e ② indicados na figura não são conexões e portanto, o estado ON das linhas não afeta os estados das outras linhas.

CAPÍTULO 3 - MODELAGEM DAS TAREFAS DE CONTROLE 39

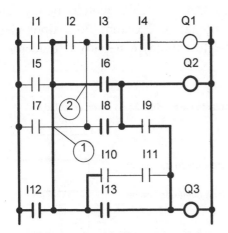

As linhas grossas indicam os contatos, linhas e bobinas energizadas.

Figura 3.2 Exemplo prático de um diagrama de relés

3.2.1 Elementos básicos do diagrama de relés

- Contacto

    Existem os seguintes tipos de contactos: contacto tipo "a" (make: normalmente aberto), contacto tipo "b" (break: normalmente fechado) e contacto detector de variação. A estes contactos são associadas entradas, saídas ou variáveis lógicas de memória.

    Os contactos tipos "a" e tipo "b" possuem as seguintes características:

    - Não existe limite para o número de contactos utilizados;
    - Quando uma bobina x muda de estado devido a sua energização ou desenergização, o contacto x correspondente é acionado imediatamente;
    - Os contactos são classificados de acordo com a variável associada (não existe a classificação contactos auxiliares, complementares, etc. que aparecem em circuitos elétricos de relés).

    Esta simplicidade é que facilita o projeto dos processos de controle. O contacto detector de variação transmite para a saída à direita o sinal ON (durante um período do ciclo de controle do CP) quando ocorre uma mudança no estado da entrada do contacto. Existem dois tipos deste contacto: positivo (detector de borda de subida) e negativo (detector de borda de descida) (vide Figura 3.3).

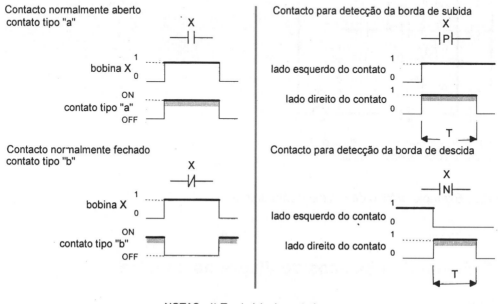

Figura 3.3 Operação dos contactos nos LD

- Bobina

    Às bobinas são atribuidas variáveis lógicas e dependendo do tipo da bobina, sua ação difere. A bobina muda de estado de acordo com a energia aplicada. O processamento e atuação das bobinas é de cima para baixo e, depois deste processamento, a mudança de estado é instantânea (em conjunto com os contactos correspondentes)

    Existem os seguintes tipos de bobinas:

    - Bobina: é a bobina comum (normal); quando é energizada seu valor fica 1;

    - Bobina inversa: é a bobina que corresponde ao contacto tipo "b", isto é, quando é energizada seu valor fica 0;

CAPÍTULO 3 - MODELAGEM DAS TAREFAS DE CONTROLE   41

- Bobina de set (ou reset): o valor da bobina de set fica 1 quando ela é energizada (o valor da bobina de reset fica 0 quando ela é energizada);

- Bobina com memória: mantém memorizado seu valor mesmo quando é desligada (a energia elétrica é cortada) e volta com este valor quando é ligada novamente; pode ser associada ainda à bobina de set ou de reset;

- Bobina detectora de variação positiva (ou negativa): é a bobina que corresponde aos contactos detectores de variação, isto é, o seu valor fica 1 durante 1 período de controle quando é detectada uma variação positiva na energização (borda de subida do sinal); analogamente, pode-se ter o tipo inverso.

A Tabela 3.1 ilustra os tipos de operação destas bobinas.

Tabela 3.1 Tipos de operação das bobinas

Classificação	Descrição de funcionamento

bobina
X
—◯—
	• bobina comum
	    esquerda da bobina
	    bobina X

bobina inversa
X
—⊘—
	• operação inversa da bobina normal
	    esquerda da bobina
	    bobina X

bobina de set
X
—Ⓢ—
bobina de reset
X
—Ⓡ—
	• em correspondência às bobinas de set, reset são utilizados sinais de ON, OFF
	  à esquerda da bobina de set
	  à esquerda da bobina de reset
	  bobina X

bobina de memorização
X
—Ⓜ—
	• armazena o último estado mesmo que a energia caia
	  bobina X
	  com energia sem energia com energia

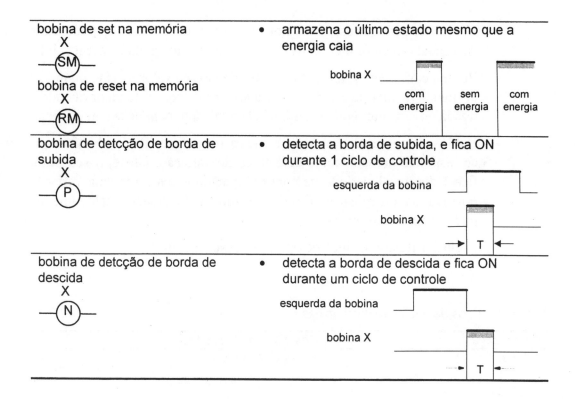

- Temporizador

    Nos sistemas reais de controle de SED, nota-se a necessidade não somente de funções lógicas como AND ou OR, funções de auto-retenção ou memória, mas também de elementos temporizadores que introduzam atrasos nos sinais. No passado, os circuitos com relés eletromagnéticos utilizavam temporizadores baseados em circuitos RC (a temporizacão é obtida com a descarga de condensadores), temporizadores pneumáticos ou temporizadores motorizados. Nos CP, através da contagem dos pulsos gerados pelo cristal oscilador ("relógio" interno), diversas temporizações podem ser implementadas por software. Com isto, pode-se obter maior flexibilidade em relação à variedade e quantidade de temporizadores.

    Um temporizador possui os seguintes componentes: entrada, saída, valor de ajuste (set-point) e valor atual. O valor de ajuste representa o valor do limite de tempo a ser considerado e, em geral são definidos em unidades de 1s, 0.1s ou 0.01s. O valor atual representa o tempo decorrido (passado) desde a ativação até o presente momento. Na Figura 3.4a tem-se a representação de um temporizador. De modo geral, um temporizador pode

CAPÍTULO 3 - MODELAGEM DAS TAREFAS DE CONTROLE

ser classificado segundo a relação entre o sinal de entrada e saída, ou seja (vide Figura 3.4b):

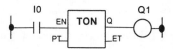

PT : valor de ajuste; ET: tempo atual; EN: entrada; Q: saída

(a) Representação gráfica do temporizador

Classificação	Descrição funcional
ON DELAY TIMER TON	EN / Q / ET / PT
OFF DELAY TIMER TOF	EN / Q / ET / PT / PT
PULSO TP	EN / Q / ET / PT / PT

(b) Tipos de temporizadores

Figura 3.4 Temporizadores

44   *Controle Programável - Fundamentos do controle de SED*

- On-delay-timer: em geral são os temporizadores mais comuns e, neste caso, a saída (sinal à direita) torna-se ON após decorrido o tempo de ajuste previamente definido da ativação do temporizador, isto é, após o sinal à esquerda (entrada) ter ficado ON;

- Off-delay-timer: quando a entrada fica ON, a saída também fica ON imediatamente, e esta fica OFF após decorrido o tempo de ajuste previamente definido da desativação do temporizador, isto é, após a entrada ter ficado OFF;

- Pulse: quando a entrada fica ON, a saída também fica imediatamente ON mas, retorna para OFF após decorrido o tempo de ajuste previamente definido (pode-se também gerar um pulso utilizando-se os contactos detectores de variações mas, com este temporizador, o tempo de duração do pulso pode ser regulado).

3.2.2 Diagrama de relés e as funções básicas de controle

- Operações lógicas

    A representação das operações lógicas é uma das principais características do diagrama de relés. As operações como o AND lógico, OR lógico, inversão (NOT), etc. e suas inúmeras e complexas combinações podem ser representadas e visualizadas facilmente através de uma descrição na forma de matriz. A Figura 3.2 é um exemplo desta representação. O AND é representado pela conexão horizontal (em série) de contactos e o OR é representado por conexão vertical (em paralelo) de contactos. Assim, respeitados os limites dos número de linhas e de colunas do diagrama de relés, qualquer função lógica pode ser representada explicitamente.

- Memorização

    Quando se tem apenas operações lógicas (como AND e OR), as saídas são determinadas somente pelas entradas do instante presente. Entretanto, quando se considera um sistema dinâmico, as saídas são determinadas pelas entradas atuais e anteriores.

    Na técnica usual de ativação e manutenção de bobinas (também conhecido como circuito de auto-retenção), memórias podem ser implementadas conforme ilustra a Figura 3.5a onde:

CAPÍTULO 3 - MODELAGEM DAS TAREFAS DE CONTROLE   45

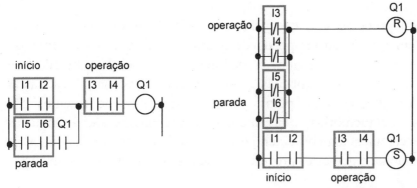

(a) Com bobinas normais   (b) Com bobinas de set e reset

Figura 3.5 Memória

- A condição de início e a de operação são conectadas em série com a bobina de memória;

- A condição de parada é conectada em série com o contacto da bobina de memória, ambos em paralelo com a condição de início.

A condição de início é a condição necessária somente na ativação da bobina, isto é, para esta ficar ON. A condição de operação (ou manutenção) é a condição que sempre deve ser mantida enquanto a bobina estiver ativada, isto é, enquanto esta for ON. A condição de parada é a condição para a bobina ser desativada, isto é, ficar OFF. Existem casos em que é utilizada somente a condição de operação e a de parada.

A Figura 3.5b ilustra a técnica baseada na utilização de bobinas SET e RESET. Neste caso, a condição de operação está presente em ambas as bobinas. A Figura 3.5a, apesar de mais simples, requer um exame cuidadoso das conexões para a compreensão das operações. De qualquer modo, é uma forma fácil de implementar memórias.

- Temporização

    Conforme descrito anteriormente, vários tipos de elementos temporizadores podem ser implementados. Em geral, estes elementos são suficientes para realizar as funções do controle de SED.

Controle do processo

> Controle do processo é a execução ordenada de passos de operações definidos em função do tempo ou da ocorrência de eventos internos ou externos, e que é baseada num procedimento fixo pré-determinado que inclui diversos casos (opções). Os passos evoluem, realizando ramificações, junções e/ou pulos (jumps). Os passos de cálculos são compostos por memórias, e as mudanças dos passos são executadas através de cálculos lógicos e temporizadores. No caso do diagrama de relés, o problema é que estes processos podem se tornar muito complexos.

3.2.3 Representação matricial equivalente

Por exemplo, suponha um diagrama de relés com cinco linhas. Considerando apenas a coluna j como ilustra a Figura 3.6a, os estados de ativação (ON) ou desativação (OFF) no lado esquerdo (entrada) dos contactos são indicados por: $P_{1,j\text{-}1}$ a $P_{5,j\text{-}1}$.

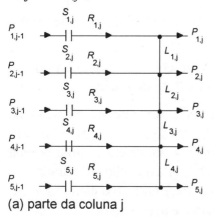
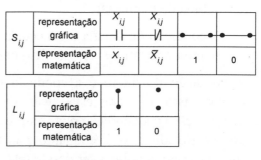

(a) parte da coluna j   (b) Conexões horizontais, verticais e contactos

Figura 3.6 Interpretação do diagrama

Os estados dos contactos posicionados em série com estes estados (e que estão nesta coluna) são indicados por: $S_{1,j}$ a $S_{5,j}$.

Os estados de ativação (ON) ou desativação (OFF) no lado direito dos contactos são indicados por: $R_{1,j}$ a $R_{5,j}$.

Os estados de ativação (ON) ou desativação (OFF) das conexões verticais entre as linhas são indicados por: $L_{1,j}$ a $L_{4,j}$.

CAPÍTULO 3 - MODELAGEM DAS TAREFAS DE CONTROLE 47

Os estados de ativação (ON) ou desativação (OFF) nas saídas são indicados por: $P_{1,j}$ a $P_{5,j}$.

Os tipos de contactos e conexões horizontais e verticais são indicados na Figura 3.6b. Assim, a programação é elaborada com estas combinações.

Os valores dos estados dos contactos são os produtos lógicos entre os estados atuais dos contactos e os estados de entrada (à esquerda) e, podem ser descritos matricialmente conforme a equação (3.1):

$$\begin{bmatrix} R_{1,j} \\ R_{2,j} \\ R_{3,j} \\ R_{4,j} \\ R_{5,j} \end{bmatrix} = \begin{bmatrix} S_{1,j} & 0 & 0 & 0 & 0 \\ 0 & S_{2,j} & 0 & 0 & 0 \\ 0 & 0 & S_{3,j} & 0 & 0 \\ 0 & 0 & 0 & S_{4,j} & 0 \\ 0 & 0 & 0 & 0 & S_{5,j} \end{bmatrix} \cdot \begin{bmatrix} P_{1,j-1} \\ P_{2,j-1} \\ P_{3,j-1} \\ P_{4,j-1} \\ P_{5,j-1} \end{bmatrix} \tag{3.1}$$

Assim, utilizando variáveis matriciais para representar esta relação tem-se:

$$\mathbf{R}_j = \mathbf{S}_j \cdot \mathbf{P}_{j-1} \tag{3.2}$$

onde, $\mathbf{S}_j$ é a matriz de conexão horizontal, $\mathbf{R}_j$ são os estados depois dos contactos e $\mathbf{P}_{j-1}$ os estados à esquerda dos contactos.

A relação entre os estados depois dos contactos e os estados de saída é definida pela matriz de conexão vertical, isto é, a equação (3.3) abaixo:

$$\begin{bmatrix} P_{1,j} \\ P_{2,j} \\ P_{3,j} \\ P_{4,j} \\ P_{5,j} \end{bmatrix} = \begin{bmatrix} 1 & L_{12,j} & L_{13,j} & L_{14,j} & L_{15,j} \\ L_{12,j} & 1 & L_{23,j} & L_{24,j} & L_{25,j} \\ L_{13,j} & L_{23,j} & 1 & L_{34,j} & L_{35,j} \\ L_{14,j} & L_{24,j} & L_{34,j} & 1 & L_{45,j} \\ L_{15,j} & L_{25,j} & L_{35,j} & L_{45,j} & 1 \end{bmatrix} \cdot \begin{bmatrix} R_{1,j} \\ R_{2,j} \\ R_{3,j} \\ R_{4,j} \\ R_{5,j} \end{bmatrix} \tag{3.3}$$

onde, $L_{ab,j}$ indica a relação de conexão vertical entre $P_{a,j}$ e $R_{b,j}$.

Assim, utilizando variáveis matriciais para representar esta relação tem-se:

$$\mathbf{P}_j = \mathbf{L}_j \cdot \mathbf{R}_j \tag{3.4}$$

onde $\mathbf{L}_j$ é a matriz de conexão vertical e $\mathbf{P}_j$ os estados de saída.

Desta forma, a relação entrada/saída da coluna j fica:

$$\mathbf{P}_j = \mathbf{L}_j \cdot \mathbf{S}_j \cdot \mathbf{P}_{j-1} = \mathbf{C}_j \cdot \mathbf{P}_{j-1} \tag{3.5}$$

onde, $\mathbf{C}_j$ é a matriz de conexões do diagrama de relés.

A aplicação da presente abordagem é ilustrado tomando como exemplo prático a coluna de um diagrama de relés (Figura 3.7).

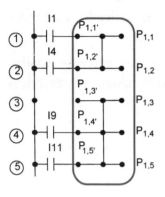

Figura 3.7 Exemplo de uma coluna de um diagrama de relés

As matrizes de conexão horizontal e vertical S_1 e L_1 ficam:

$$S_1 = \begin{bmatrix} I_1 & 0 & 0 & 0 & 0 \\ 0 & I_4 & 0 & 0 & 0 \\ 0 & 0 & 0 & 0 & 0 \\ 0 & 0 & 0 & I_9 & 0 \\ 0 & 0 & 0 & 0 & I_{11} \end{bmatrix} \qquad L_1 = \begin{bmatrix} 1 & 1 & 0 & 0 & 0 \\ 1 & 1 & 0 & 0 & 0 \\ 0 & 0 & 1 & 1 & 1 \\ 0 & 0 & 1 & 1 & 1 \\ 0 & 0 & 1 & 1 & 1 \end{bmatrix}$$

Assim, de S_1 e L_1 obtém-se C_1 e considerando que todas as linhas de P_0 estão energizadas, isto é, iguais a 1, os valores de P_1 podem ser calculados:

$$C_1 = \begin{bmatrix} I_1 & I_4 & 0 & 0 & 0 \\ I_1 & I_4 & 0 & 0 & 0 \\ 0 & 0 & 0 & I_9 & I_{11} \\ 0 & 0 & 0 & I_9 & I_{11} \\ 0 & 0 & 0 & I_9 & I_{11} \end{bmatrix} \qquad P_1 = \begin{bmatrix} I_1 + I_4 \\ I_1 + I_4 \\ I_9 + I_{11} \\ I_9 + I_{11} \\ I_9 + I_{11} \end{bmatrix}$$

A Figura 3.8 é um exemplo de execução do controle. Nesta figura, as linhas mais grossas indicam o estado ativado (ON), isto é, quando I_4 e I_{11} estão ON, P_1 é calculado de acordo com os estados de energização da esquerda para direita e de cima para baixo para cada uma das linhas de ① a ⑤. Na Figura 3.8 o resultado de todas as linhas é 1, coincidindo com os resultados obtidos com as equações acima.

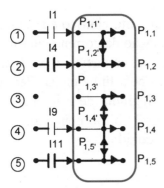

linhas grossas indicam partes ativadas (energizadas

Figura 3.8 Exemplo de execução do diagrama

Desta forma, os estados de ativação (ON) ou desativação (OFF) de cada coluna e conseqüentemente das bobinas são calculados pelas matrizes definidas pelo diagrama desenhado.

3.2.4 Comparação com circuitos elétricos

Existem dois pontos de diferença entre o diagrama elétrico de circuito de relés eletromagnéticos e o diagrama de relés (para programação de CP) aqui apresentado.

- Processamento paralelo e processamento interativo

    No diagrama elétrico do circuito de relés o processamento é totalmente em paralelo, enquanto que, no diagrama de relés, localmente, o processamento é interativo (apesar de que, em termos do período de controle, o resultado é equivalente ao processamento em paralelo). Além disso, no diagrama de relés existe uma determinada ordem de processamento: de cima para baixo.

    Aparentemente, o processamento totalmente em paralelo seria o ideal; entretanto, tal abordagem significaria a necessidade da consideração de todos os estados simultaneamente para o projeto do controle de SED.

Neste sentido, o processamento interativo permite o desenvolvimento do projeto através da efetiva exploração da ordem do processamento.

- Bidirecionalidade e unidirecionalidade

O diagrama elétrico do circuito de relés é um circuito elétrico e assim, não existe um sentido pré-determinado para a circulação da corrente elétrica. A Figura 3.9a ilustra o caso em que, quando os contactos 6 e 9 estão fechados, a corrente circula conforme indicado pela linha cinza. Para que este circuito elétrico se comporte como um diagrama de relés para CP, adicionam-se diodos, como ilustrado na Figura 3.9b, ou contactos, como na Figura 3.9c onde o contacto "NOT 1" é introduzido.

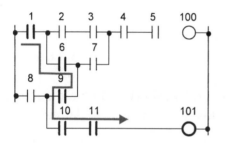

(a) Caso em que o diagrama de relés é interpretado
como diagrama do circuito (elétrico) de relés

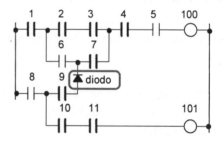

(b) Bloqueamento da realimentação
(com introdução de diodo)

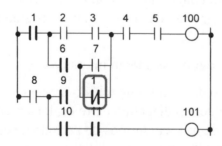

(c) Bloqueamento da realimentação
(com adição de contactos)

Figura 3.9 Realimentação no circuito de relés

CAPÍTULO 3 - MODELAGEM DAS TAREFAS DE CONTROLE 51

No diagrama de relés não existe este problema, pois a energia flui somente da esquerda para direita, operando exatamente conforme a representação lógica/matemática citada.

3.2.5 Problemas do diagrama de relés

Mesmo com as diversas atualizações, a parte essencial do diagrama de relés é a mesma, desde o surgimento dos relés eletromagnéticos até o desenvolvimento dos CP. Pode-se concluir assim que é uma representação bastante poderosa, mas por outro lado, diversas dificuldades foram detectadas. Os problemas identificados com relação ao diagrama de relés são os seguintes:

- A dinâmica do processo de controle fica camuflada no diagrama. Como os procedimentos e os intertravamentos são todos representados por contactos e bobinas, o diagrama fica impossível de ser interpretado, a não ser pelo próprio projetista, o que dificulta bastante a tarefa de manutenção;

- A correspondência entre o diagrama e sua especificação é complicada;

- Não é possível a estruturação do processo de controle, portanto não se pode fazer um projeto ou um desenvolvimento top-down;

- Alguns cálculos algébricos e processamento de dados simples podem ser incorporados ao diagrama de relés através de blocos funcionais, mas os processamentos de dados complexos, que se tornam cada vez mais necessários, são difíceis de serem incorporados.

3.3 LINGUAGENS PADRONIZADAS

No IEC (International Electrotechnical Committee) são desenvolvidos os padrões para as linguagens para controle de SEDs a nível de fonte, não se impondo nenhuma restrição em relação aos comandos dos CP. Os padrões são definidos de modo flexível para estabelecer as especificações mínimas a serem respeitadas e as regras para as expansões futuras. A definição das especificações das linguagens são baseadas na estrutura de linguagens populares como Pascal, ADA, etc. de modo a garantir sua portabilidade para equipamentos de diferentes fornecedores. Prevendo futuras evoluções dos CP, também são incluídas funções de alto nível

52 *Controle Programável - Fundamentos do controle de SED*

que ainda não existem atualmente, de modo a influenciar os desenvolvimentos dos novos equipamentos.

3.3.1 Classificação das linguagens para controle

A linguagem para controle de SED é convertida nos comandos enviados pelo dispositivo de controle para que este realize de fato o controle do sistema e também é a linguagem que o projetista utiliza para, baseado nas especificações, projetar um procedimento de controle. Assim, do ponto de vista do homem, é preferível que a linguagem represente diretamente as especificações e, do ponto de vista do dispositivo, é preferível que a linguagem seja simples de ser interpretada e fácil de ser executada pelas máquinas. Assim, as várias funções do controle de SED são difíceis de serem completamente representadas através de um único modo de descrição. Como reflexo disto, existem vários tipos de linguagem de controle de SED, de acordo com os aspectos que foram considerados mais relevantes na sua concepção, como: capacidade de processamento do dispositivo de controle, restrições das capacidades do dispositivo de programação, etc. Considerando-se o caso dos CP como dispositivos de controle, a linguagem de controle de SED pode ser chamada de linguagem de programação, de acordo com o padrão do IEC. A Tabela 3.2 apresenta uma classificação das linguagens de programação.

Tabela 3.2 Classificação das linguagens de programação

tipo	linguagem	caracter.		
		lógica	ordenação	funções complex.
textuais	álgebra de Boole	○		
	IL (Instruction List)	○		
	ST (Structured Text)	○		
gráficas	LD (diagrama de relés)	●		●
	FBD (Function Block Diagram)	●		○
	fluxograma		●	●
	elementos SFC* (Sequential Flow Chart)		●	
tabulares	tabela de decisão		●	

* No IEC, o SFC não é considerado uma linguagem independente e sim um elemento comum de descrição

CAPÍTULO 3 - MODELAGEM DAS TAREFAS DE CONTROLE 53

As linguagens de programação são subdivididas nos seguintes tipos: textuais, gráficas e tabulares.

- Textuais

    Neste caso, o procedimento de controle é descrito textualmente através de símbolos, letras e expressões matemáticas. Este tipo de linguagem é muito encontrado nos primeiros CLP e nos atuais CP de pequeno porte.

    - Álgebra Booleana

        Neste caso, a lógica é representada através de expressões Booleanas. Como não é capaz de representar temporizações nem seqüencializações, não é utilizada em sua forma pura. É mais utilizada na concepção e análise da lógica;

    - IL (Instruction List)

        É uma lista contínua com comandos correpondentes à funções - como *load* (*LD*), *AND*, *OR*, *store* (*ST*), etc. - e códigos das entradas e saídas, dispostos numa seqüência correpondente à sua ordem de execução. Cada comando corresponde a um comando interno do CP e por estes serem simples, são utilizados em muitos CPs;

    - ST (Structured Text)

        É uma representação em linguagem de alto nível e assim, a forma do texto não tem relação com ordem de execução. Apresenta os códigos (identificadores) das saídas no lado esquerdo, como no Basic ou Pascal. A principal característica é a possibilidade de estruturação de programas com processamentos numéricos, operações de comparação, comandos de *IF*, *CASE*, etc.

Na Figura 3.10 estão ilustrados três exemplos de descrição de uma mesma operação lógica.

54   *Controle Programável - Fundamentos do controle de SED*

```
LD    I1
ANDN  I2
AND(  I3
ANDN  I4
OR(   I5
AND   I6
)
)
AND   I6
OR(   I5
AND   I6
)
ST    O10
```

O10=I1.Ī2.(I3.Ī4+I5.I6).I7+I8.I9

O10 := I1 & NOT I2 & (I3 & NOT I4 OR I5 & I6) & I7 OR I8 & I9

(a) Álgebra Booleana   (b) IL   (c) ST

Figura 3.10 Representações em linguagens textuais de uma operação lógica

- Gráficas

  Este tipo de linguagem é de fácil visualização e identificação do fluxo do procedimento de controle. Com isto, as tarefas de projeto, programação, depuração, manutenção, etc. são mais fáceis e dificultam a ocorrência de erros. Neste tipo de representação existem as linguagens adequadas para operações lógicas como LD, FBD e linguagens com ênfase maior para os procedimentos de controle como fluxograma e SFC.

  - Diagrama de relés (LD: ladder diagram)

    É o diagrama de relés apresentado anteriormente. No IEC esta linguagem é definida de modo amplo, permitindo assim a inclusão de elementos SFC, blocos funcionais, etc.; (Figura 3.11a)

  - FBD (Function Block Diagram)

    É uma forma de representar combinações de blocos AND, OR, etc. Blocos correspondentes a processamentos numéricos que incluem operações como soma, multiplicação, subtração, comparação, etc. também podem ser combinados para permitir a representação de funções de alto nível. Quando somente funções lógicas são incluídas, é também chamado de diagrama de circuito lógico; (Figura 3.11b)

CAPÍTULO 3 - MODELAGEM DAS TAREFAS DE CONTROLE

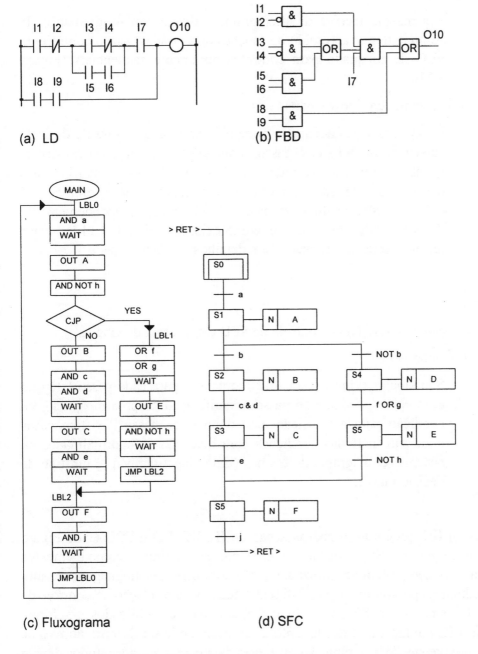

Figura 3.11 Representações em linguagens gráficas de uma operação lógica

56 *Controle Programável - Fundamentos do controle de SED*

- Fluxograma

  É a mesma técnica de fluxograma utilizada em programação de computadores, acrescido de funções apropriadas para o controle de SED. É adequado para controles puramente seqüenciais (Figura 3.11c)

- SFC (Sequential Flow Chart)

  É uma descrição adequada principalmente para o controle de SED caracterizado por steps (passos, condições) e transitions (transições, eventos). Foi desenvolvido com base nas Redes de Petri e suas derivações que são técnicas para a representação efetiva das especificações de funcionamento de sistemas, independentemente do seu porte ou grau de complexidade (Figura 3.11d). Estas técnicas serão apresentados em detalhe nos Capítulos 4 e 5.

- Tabulares

  Neste caso, a descrição do controle de SED é em forma de tabelas.

  - Decision table

    São tabelas (vide Figura 3.12) contendo, para cada passo (step), a ação correspondente ao passo, identificação do próximo passo e a condição para a transição para o próximo passo. Existem casos onde são incluídas condições para detecção de anormalidades no sistema. O diagrama de tempos (time chart) também é um tipo de decision table.

As normas do IEC procuram a padronização do IL, ST, LD e FBD (vide Figura 3.13). Neste contexto, o SFC e os blocos funcionais são definidos como elementos compartilháveis que podem ser utilizados junto com qualquer linguagem. Assim, pode-se reduzir os pontos fracos das diferentes técnicas em relação ao controle de SED. No IL e no ST, o SFC e os blocos funcionais são utilizados em forma textual. No IEC um mesmo procedimento de controle pode ser descrito através de diferentes linguagens de programação mas, para as mesmas entradas, todos devem ter como resultado as mesmas saídas.

	step	S0	S1	S2	S3	S4	S5	S6
condição	a	Y						
	b		Y	N				
	c			Y				
	d			Y				
	e					Y		
	f					Y		
	g						Y	
	h						N	
	j							Y
operação	A		Y	Y				
	B			Y				
	C				Y			
	D					Y	Y	
	E						Y	
	F							Y
próximo	step	S1	S2	S4	S3	S6	S5	S6	S0

Figura 3.12 Exemplo de uma tabela de decisão

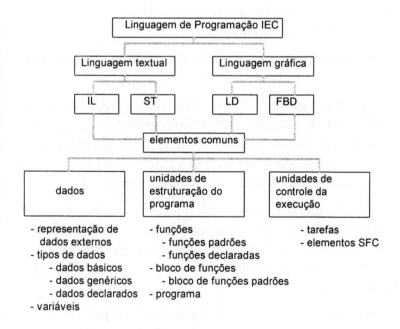

Figura 3.13 Estrutura da padronização do

58 *Controle Programável - Fundamentos do controle de SED*

3.3.2 Elementos das linguagens de programação

Nas normas do IEC foi introduzido o conceito de elementos comuns a todas as linguagens. É assim uma filosofia de que o procedimento deve ser concebido independentemente da linguagem. Existem assim, os seguintes tipos de elementos comuns:

- Dados: números, string de caracteres, constantes (de tempo por exemplo), variáveis, etc.;

- Unidades de estruturação do programa: são subdivididas em funções, blocos funcionais e programas;

- Elemento de controle de execução: são unidades para a divisão e execução de programas e existem elementos do SFC e tasks (tarefas).

- Dados

    Estão normalizadas as formas de representação externa de dados como valores numéricos, string de caracteres, tempo, hora, data, etc. É importante notar que datas, string de caracteres, etc., como nas linguagens de alto nível, também estão incorporadas nos CP.

    Existem vários tipos básicos de dados que o CP pode manipular (vide Tabela 3.3).

    Além disso, no nível de programa fonte (source), existem casos onde um tipo genérico de dado não necessita ser previamente definido, isto é, o tipo do dado é convertido internamente de acordo com os dados definidos pré e posteriormente. Este dado do tipo genérico tem a palavra *ANY* como head (ex. *ANY_xxx*), e sua relação hierárquica é ilustrada na Tabela 3.4.

    Quando um tipo de dado que não estava definido anteriormente torna-se necessário, existe um mecanismo de declaração de novos tipos de dados. Esta é uma função imprescindível quando se considera a portabilidade dos programas. Estes tipos de dados definidos por declarações são chamados de "tipos declarados".

    A Figura 3.14, por exemplo, ilustra a definição destes tipos de modo textual entre as declarações de *TYPE* e *END_TYPE*. Pode-se assim compor declarações de alto nível, como declarações de matrizes (*ARRAY*) e declarações de estruturas (*STRUCTURE*).

Tabela 3.3 Tipos básicos de dados

mnemônico	tipo	bit
BOOL	lógico	1
EDGE	edge trigger lógico (*)	-
SINT	inteiro de precisão simples	8
INT	inteiro	16
DINT	inteiro de dupla precisão	32
REAL	real	32
LREAL	real de dupla precisão	64
TIME	hora	-
DATE	data	-
TIME_OF_DAY	horário	-
DATE_AND_TIME	data e hora	-
STRING	seqüência de caracteres	-
BYTE	seqüência de bits	8
WORD	seqüência de bits	16
DWORD	seqüência de bits	32
LWORD	seqüência de bits	64

(*) : só pode ser usado como entrada de blocos funcionais

Tabela 3.4 Hierarquia de dados tipo genéricos

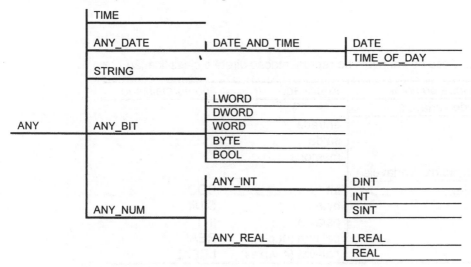

As variáveis são dados de entrada, saída ou memória do CP cujos conteúdos podem variar. As variáveis de representação direta são indicadas diretamente pelo seu endereço, tipo e identificação (vide Tabela 3.5). As variáveis simbólicas são utilizadas no nível de programa fonte (source) definidas entre as declarações de *VAR* e *END_VAR*.

```
TYPE
        ANALOG SIGNAL TYPE : (SINGLE_ENDED, DIFFERENTIAL) ;        tipo sinal analógico
        ANALOG_SIGNAL_RANGE ;
                (BIPOLAR_10V,                           (* -10 a +10V CC    *)
                UNIPOLAR_10V,                           (*   0 a +10V CC    *)
                UNIPOLAR_1_5V,                          (*  +1 a  +5V CC    *)
                UNIPOLAR_0_5V,                          (*   0 a  +5V CC    *)
                UNIPOLAR_4_20MA,                        (*  +4 a +20mA CC *)
                UNIPOLAR_0_20MA,                        (*   0 a +20mA CC *)
                ) := UNIPOLAR_1_5V;
        ANALOG_DATA : INT(-4095 ... 4095) := 0;        dado tipo analógico
        ANALOG_CHANNEL_CONFIGURATION :                 estrutura do canal analógico
        STRUCTURE
                RANGE : ANALOG_SIGNAL_RANGE ;
                MIN_SCALE : ANALOG_DATA := -4095 ;
                MAX_SCALE : ANALOG_DATA = 4095 ;
        END_STRUCTURE ;
        ANALOG I_I6_INPUT_CONFIGURATION :              estrutura do sinal analógico
        STRUCTURE
                SIGNAL_TYPE : ANALOG_SIGNAL_TYPE ;
                FILTER_PARAMETER : SINT (0 ... 99) ;
                CHANNEL : ARRAY (1 ... 16) OF ANALOC_CHANNEL_CONFIGURATION ;
        END_STRUCTURE ;
END_TYPE
```

Figura 3.14 Dado tipo declarado

Tabela 3.5 Caso de variáveis de representação direta e classificação

primeira letra do nome	significado	tipo normalizado
no caso de variáveis		
I	entrada	
Q	saída	
M	memória	
classificação das variáveis		
X ou nada	bit	BOOL
B	byte	SINT
W	palavra	INT
D	palavra (dupla)	REAL
L	palavra (4 vezes)	LREAL

A Figura 3.15 ilustra uma parte de um programa com alguns exemplos de variáveis.

CAPÍTULO 3 - MODELAGEM DAS TAREFAS DE CONTROLE   *61*

```
Exemplo variáveis de representação direta
      %Q75 ou %Q×75              saída  no endereço 75
      %MD48                      endereço de memória 48 (palavra dupla)
      %IW2.5.7.1                 palavra da estação 2, rack número 5, módulo 7,
                                 canal 1  do sistema de controle distribuído
   (nota:  o primeiro caracter da variável de representação direta é %)

Exemplo da declaração de variáveis simbólicas
      VAR
            LIM_SW_% AT %IX27 ;        LIM_SW_5 é a entrada do bit 7
            IBOUNCE : WORD ;           IBOUNCE é uma palavra
            MYBIT : BOOL := 1 ;        MYBIT é BOOL e inicializa com "1"
            OKAY : STRING(10) := "OK" ;  OKAY é um string de no máximo 10
      END_VAR                          caracteres e o conteúdo inicial é "OK"
```

Figura 3.15 Exemplo de variáveis

- Unidades de estruturação do programa

  As unidades de função, bloco funcional e programa são unidades conceituais para a composição de uma estrutura hierárquica no nível mais alto.

  - Função: é a menor unidade de um programa e pode ter uma ou mais entradas e uma única saída. Não possui elementos de memorização de estados no seu interior e portanto a saída é sempre a mesma para uma certa entrada. Assim como os tipos de dados, existem funções padrões pré-definidas e as "funções declaradas" pelo usuário ou pelo fornecedor. Existem os seguintes tipos de funções pré-definidas:

  - Conversão de tipos (ex. *REAL TO INT*)

  - Operações numéricas (ex. soma, subtração, multiplicação, divisão, operações trigonométricas);

  - Processamento por bits (ex. deslocamento, operações com vetores de bits);

  - Chaveamento (ex. por valor máximo, por valor limite);

  - Comparação (ex:. igualdade, diferença);

  - Processamento de string de caracteres; funções temporais, etc.

  A Figura 3.16 ilustra alguns exemplos de funções declaradas.

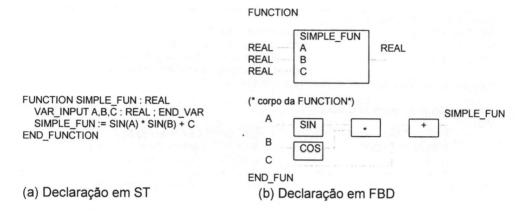

(a) Declaração em ST   (b) Declaração em FBD

Figura 3.16 Exemplo da declaração de funções

- Bloco funcional: esta unidade, diferentemente da função, permite várias saídas e memorização interna de estados. Assim, mesmo que as entradas sejam idênticas, dependendo do estado interno, as saídas podem ser diferentes. Existem blocos funcionais que são definidos pelo usuário e/ou fornecedor através de declarações, e blocos funcionais padrões previamente definidos. Os blocos funcionais padrões são os seguintes:
    - flip-flop (multivibrador biestável);
    - detector de borda;
    - contador (incremental, decremental);
    - temporizador (on-delay, off-delay, pulse);
    - mecanismos de transmissão de mensagens.

A definição de blocos funcionais é realizada entre as declarações de *FUNCTION_BLOCK* e *END_FUNCTION_BLOCK*. Elementos do SFC também podem ser utilizado como bloco funcional.

- Programa: é a maior unidade de representação de procedimentos de controle e é constituído pelos outros elementos comuns, com exceção da linguagem e do próprio programa.

- Elemento de controle de execução

    - Task (tarefa): neste caso, da mesma forma que nos sistemas operacionais para controle em tempo real dos computadores, o conceito de task é introduzido para a execução de funções como o controle de prioridades dos tasks, especificação do task a ser executado, especificação do tempo de execução do task, etc. Assim, um programa é dividido em um ou mais tasks para o controle de sua execução. A Figura 3.17 ilustra uma representação genérica de task.

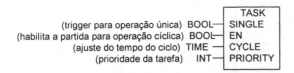

(a) Representação genérica de tarefa em FBD

(b) Declaração de tarefa
de operação cíclica

(c) Declaração de tarefa
de operação única

Figura 3.17 Tarefa

- Elementos SFC: dentro de uma unidade estrutural do programa, faz o papel do elemento que descreve o conteúdo do programa e/ou do bloco funcional. No SFC, cada step é ativado de acordo com a evolução do procedimento de controle, e a ação correspondente (que pode ser considerada um atributo do step) é executada. Desta forma, o SFC é o elemento que controla a execução do programa.

A Figura 3.18 apresenta de modo conciso a inter-relação entre as unidades de estruturação do programa e os elementos de controle de execução, assim como a estrutura hierárquica do programa.

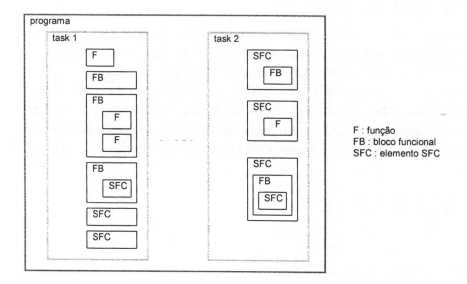

Figura 3.18 Estrutura hierárquica do conteúdo do programa

3.3.3 Funções

Nos sub-ítens anteriores foram introduzidas as linguagens de programação e os elementos comuns destas linguagens. Neste sub-item são apresentadas as funções características padronizadas pelo IEC, o FBD e o ST.

- FBD e mecanismos para processamentos numéricos de alto nível

    Conforme foi citado anteriormente no item de funções e blocos funcionais, pode-se introduzir várias funções de alto nível. A Tabela 3.6 apresenta as funções padronizadas, a Tabela 3.7 os blocos funcionais padrões e a Tabela 3.8 alguns exemplos dos processamentos analógicos que estão em estudo como padrões IEC.

    Destas tabelas fica evidente que:

    - Pode-se realizar funções necessárias para o controle de processos, como operações numéricas, mecanismos de comparação e escolha, PID (controle por realimentação proporcional-integral-derivativo), etc. Desta forma, além do controle de SED, são consideradas funções de dispositivos de controle próprios para o controle de processos;

CAPÍTULO 3 - MODELAGEM DAS TAREFAS DE CONTROLE   *65*

Tabela 3.6 Funções padronizadas

funções	mnemônicos (símbolos)
operações numéricas	ADD (+), SUB (-), MUL (*), DIV (/), MOD, EXPT (**), ABS, SQRT, LN, LOG, EXP, SIN, COS, TAN, ASIN, ACOS, ATAN
deslocamento (shift)	SHR, SHL, ROR, ROL
operações com seqüência de bits	AND (&), OR (>=1), XOR (=2K+1)
seleção	SEL, MIN, MAX, LIMIT, MUX
comparação	GT (>), GE (>=), EQ (=), LE (<=), LT (<), NE (< >)
processamento de uma seqüência de caracteres	LEFT, RIGHT, MID, CONCAT, INSERT, DELETE, REPLACE, FIND
tempo, horário, data	ADD (+), SUB (-), MUL (*), DIV (/), CONCAT, DT TO TOD, DT TO D
conversão de tipo	* TO ** por ex., INT TO REAL

Tabela 3.7 Blocos funcionais padrões

bloco	funcional	símbolo
flip-flop	com prioridade para o set	SR
	com prioridade para o reset	RS
	detector de borda	TRIGGER
contador	contador incremental	CTU
temporizador	contador decremental	CTD
	pulso	TP
	temporização na ativação	TON
	temporização na desativação	TOF
comunicação	transmissão	SEND
	recepção	RCV

- Mesmo as funções de alto nível, diferentemente dos softwares de computadores, são de fácil compreensão através de técnicas simples de representação. Em especial, as representações gráficas facilitam bastante a visualização do sistema;

- Estão definidas formas para introduzir novas funções além das funções padrões.

Tabela 3.8 Blocos funcionais para processamento analógico

bloco funcional	código/símbolo
atraso de 1ª ordem	LAG 1
atraso	DELAY
média	AVERAGE
integral	INTEGRAL
derivada	DERIVATIVE
histerese	HYSTERESIS
sinal de limite	LIMIT_ALARM
monitoração analógica	ANALOG_MONITOR
operação PID	PID
diferença	DIFFEQ
rampa	RAMP
transferência	TRANSFER

A Figura 3.19 apresenta um FBD que utiliza tais funções. É estabelecido que o fluxo dos sinais é da esquerda para a direta. Os dados introduzidos pelo lado esquerdo são processados em cada um dos blocos, e os resultados saem pelo lado direito. Pode-se dizer que cada bloco corresponde a uma unidade de processamento e a representação segue o conceito de fluxo de dados, permitindo assim uma rápida visualização do seu conteúdo.

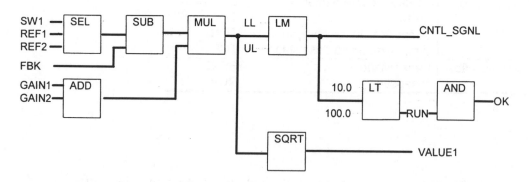

Figura 3.19 Descrição de um fluxo de dados por

Também estão representadas, dentro do FBD, as operações lógicas relacionadas. Desta forma, o FBD possui as características dos diagramas de circuitos lógicos para as operações lógicas, e possui características de

Capítulo 3 - Modelagem das tarefas de Controle

fluxo de dados para operações complexas. Para linguagem de alto nível de CP este é um dos aspectos mais importantes.

- ST e processamento de dados

  Em processamentos de alto nível, existem casos onde a representação por blocos como no FBD se torna complicada e de difícil compreensão, como por exemplo:

  - Quando a descrição por equações ou outro tipo de expressões matemáticas é mais simples;

  - Casos como o do processamento de strings de caracteres onde o conteúdo do processamento fica mais claro com linguagens de alto nível;

  - Quando se tem o controle do fluxo do programa através de comandos tipo *IF*, *REPEAT*, etc.;

  - Quando o programador está habituado com outro software de computadores.

  - Nestes casos, a linguagem mais adequada é o ST, que também inclui funções necessárias para o desenvolvimento de programas estruturados. A Figura 3.20 ilustra um exemplo de um programa escrito em ST. Pode-se visualizar facilmente as ramificações condicionais e os loops de repetição. De fato, não se recomenda o desenvolvimento de todo um programa em ST mas sim, a utilização destas linguagens de modo a explorar todos os seus potenciais.

```
IF AAA >= LIMIT_VALUE
        THEN    WEIGH := AAA * BBB + BCD_TO_INT (CC) ;
                OK := 1 ;
        ELSE    FOR 1 := 1 TO 100 BY 2 DO
                        WEIGH := DDD(1) + WEIGH ;
                END_FOR ;
                OK := 0 ;
END_IF
```

Figura 3.20 Representação em ST

68   *Controle Programável - Fundamentos do controle de SED*

- Transmissão de dados

  Para a realização do controle de plantas (instalações) de grande porte, as seguintes funções são necessárias:

  1) Troca de dados com computadores superiores e dispositivos de interface homem-máquina;

  2) Troca de dados entre CP;

  3) Down-load (carregamento) de programas dos computadores e dos dispositivos de interface homem-máquina.

  Nos casos (1) e (2) acima, pode-se controlar a transmissão de dados dentro do programa do CP, transmitindo-se os dados necessários nos momentos apropriados. Para estas funções, existem blocos funcionais padrões como *SEND, RCV,* etc. As diferenças existentes entre os vários tipos de transmissão, hand-shaking, MAP, etc. são consideradas pelo sistema operacional do CP e/ou o subsistema de transmissão. O caso (3) é controlado pelo sistema operacional do CP.

3.3.4 Linguagem de máquina e linguagem de controle

A linguagem para controle de SED é convertida para linguagem de máquina, armazenada na memória de programa do CP e então pode ser executada. Conforme citado anteriormente, no CP:

- Os procedimentos de controle descritos em LD ou FBD são introduzidos através do dispositivo de programação, convertidos para linguagem de máquina, armazenados na memória de programa do CP onde são executados; e

- Por outro lado, o procedimento de controle descrito em linguagem de máquina é armazenado na memória de programa e pode ser reconvertido para LD ou FBD a fim de serem apresentados no dispositivo de programação.

A função de reconversão é uma função bastante útil e que geralmente os computadores não possuem, sendo também uma das causas da difusão dos CP.

Geralmente, a linguagem de máquina difere para cada tipo de CP a fim de otimizar sua estrutura de acordo com as suas funções, número de entradas/saídas, etc. Por exemplo, os comandos necessários a nível de máquina diferem para cada nível de LD. Como os níveis inferiores são subconjuntos dos superiores, existe compatibilidade para cima, mas o inverso não é verdade. Por outro lado, é

CAPÍTULO 3 - MODELAGEM DAS TAREFAS DE CONTROLE 69

desejável que um mesmo procedimento possa ser utilizado em qualquer CP, independente do tipo da máquina, preservando assim o mesmo software. Uma das formas de realizar isto é através de linguagens intermediárias.

Com a técnica das linguagens intermediárias:

- Os procedimentos escritos nas diferentes linguagens de controle de SED são convertidos para uma única linguagem intermediária (que independe da linguagem original);

- A linguagem intermediária também não depende do tipo de CP. Cada dispositivo converte a linguagem intermediária para a sua linguagem de máquina, para então passar a sua execução. Existem também dispositivos que executam diretamente a linguagem intermediária;

- A linguagem intermediária pode ser utilizada em outros dispositivos, independentemente do tipo.

Este método é bom para o desenvolvimento dos procedimentos de controle, mas o seu problema está na função de reconversão necessária para a depuração e manutenção de um procedimento existente. Por exemplo, em um CP que não possui funções SFC, o procedimento como o da Figura 3.21 necessita ser convertido para LD e então ser executado. Assim, não é possível analisar o procedimento pelo SFC no dispositivo de programação. O programa, após ser depurado em LD, necessita de alguma forma de conversão para comparação com o SFC original, evidenciando assim o problema de comparação (conversão) entre duas representações (que é de fato um tema muito complexo). O mérito da linguagem intermediária é a possibilidade de, na fase de projeto, não se ter a necessidade de considerar as diferenças das especificações das linguagens de diferentes tipos de máquinas (CP).

3.3.5 Notas adicionais sobre o padrão IEC

O IEC abrange praticamente todas as linguagens utilizadas atualmente em controle de SED, e procura definir normas para as suas padronizações. Introduziu o conceito de elementos comuns para facilitar o compartilhamento das linguagens, tornando as normas mais claras e simples. Um CP que possua todas as funções deverá ter uma capacidade de processamento equivalente a um minicomputador. Isto revela que o IEC considera as aplicações de longo prazo, onde a evolução da capacidade dos controladores é esperada. Além disso, existe o aspecto de deixar que os fatores econômicos definam as funções que de fato serão utilizadas.

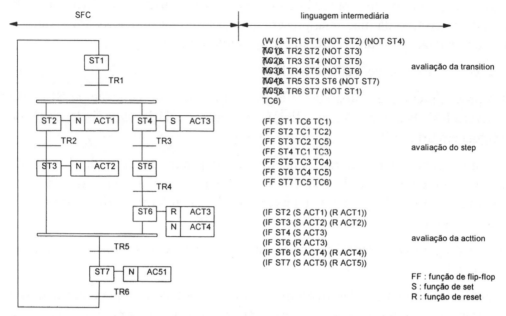

Figura 3.21 Correspondência entre o SFC e a linguagem intermediária

A característica do CP tende a mudar de um simples dispositivo de controle de SED para dispositivos de controle de uso geral (multi-propósito), incorporando o controle de sistemas variáveis contínuas (SVC) e linguagens de alto nível. Neste sentido, a compatibilidade dos programas entre os diferentes tipos de CP é um importante aspecto a ser considerado. As principais razões do avanço do CP para as funções de alto nível, antes dominadas pelos computadores, estão baseadas na alta produtividade do software desde o projeto do programa até a sua manutenção, e na facilidade de compreensão. Esta qualidade será tanto mais necessária quanto mais alto for o nível das funções. Neste contexto, a compatibilização dos programas no nível de fonte (source), demonstra ser um projeto bastante realista.

As normas IEC atribuíram às linguagens de CP um grande impulso. Esta contribuição inclui a consideração de expansão, mantendo uma alta flexibilidade. Os novos CPs não poderão deixar de lado as normas de padronização, devido à vantagem econômica que representam para os usuários.

4. REPRESENTAÇÃO DE SED POR REDES DE PETRI

Dentre as diferentes formas de descrição do procedimento de controle apresentadas no Capítulo 3, nota-se claramente que o poder de representação do SFC é superior às outras técnicas. Para compreender melhor o potencial desta forma de representação apresenta-se aqui os conceitos fundamentais e as principais variações da teoria das redes de Petri, de onde o SFC tem sua base teórica.

4.1 CONCEITOS GERAIS

Utilizando como exemplo de SED um almoxarife de ferramentas, considera-se inicialmente a sua estrutura significativa mais básica. Os usuários do almoxarife têm acesso a um estoque de ferramentas mantidas em *estantes*. Assim, identifica-se aqui dois componentes. Neste caso é óbvio que se descreva um dos componentes (a estante de ferramentas) como sendo *passivo*, e o outro (os usuários) como sendo *ativo*. Se os componentes passivos são representados por um *círculo* e os componentes ativos por um *retângulo,* tem-se a configuração indicada na Figura 4.1. As setas entre os componentes indicam o fluxo de ítens (materiais e informações).

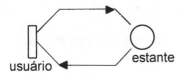

Figura 4.1 Descrição simples de um almoxarife de ferramentas

Em almoxarifes grandes, um usuário pode não ter acesso livre às estantes. Ao invés disso, pode existir um ou vários balcões nos quais os usuários são servidos por funcionários. Intuitivamente, percebe-se quais são os componentes passivos (os balcões) e quais são os ativos (funcionários). Baseado nestas informações, pode-se passar para a estrutura organizacional indicada na Figura 4.2.

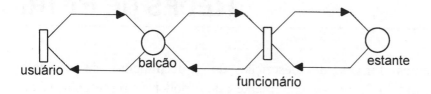

Figura 4.2 Oraganização de um grande almoxarife

Um grande volume de empréstimo de ferramentas requer organização. Antes de mais nada, precisa-se diferenciar o empréstimo (fluxo de saída) da devolução (fluxo de entrada) de ferramentas.

Na Figura 4.3 assume-se que antes das ferramentas serem emprestadas, elas devem ser pedidas para empréstimo. Em outras palavras, existe agora um fluxo de informações daquele que realiza o empréstimo para aquele que irá emprestar, antes da ferramenta ser transferida do segundo para o primeiro.

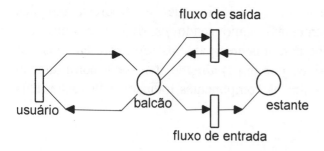

Figura 4.3 Distinção oraganizacional entre o fluxo de entrada (retorno) e o fluxo de saída (empréstimo) de ferramentas

Nesta representação, é útil identificar as diversas formas pelos quais o usuário interage com o almoxarife, isto é, quando ele pede uma ferramenta, quando ele leva a ferramenta e quando a devolve (vide Figura 4.4).

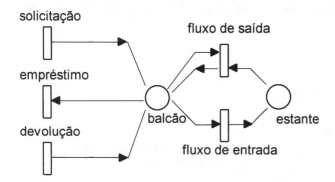

Figura 4.4 Decomposição da interação do usuário com o almoxarife nas ações de solicitação, empréstimo e devolução

Para ser capaz de lidar com um grande número de pessoas de uma só vez, em geral é conveniente ter balcões separados para solicitação, empréstimo e devolução de ferramentas (vide Figura 4.5). No caso mais simples, o armoxarife mantém um registro de ferramentas emprestadas, utilizando cartões identificadores que são colocados junto com as ferramentas nas estantes.

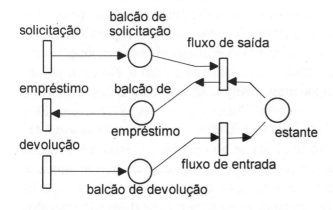

Figura 4.5 Introdução de balcões separados

Quando uma ferramenta é emprestada, o seu cartão é colocado no fichário de empréstimo. Quando a ferramenta é devolvida, o cartão correspondente é retirado do fichário e colocado novamente junto com a ferramenta. Na Figura 4.6 foi acrescentado ao sistema o fichário de empréstimo. Isto seria apenas o primeiro passo para planejar uma reorganização auxiliada por computador de um almoxarife.

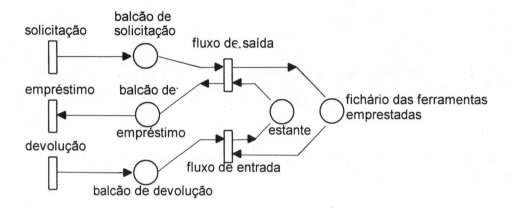

Figura 4.6 Introdução do fichário de ferramentas emprestadas

4.1.1 Componentes ativos e passivos

O exemplo do almoxarife foi desenvolvido o suficiente para que possa ser utilizada para ilustrar alguns dos princípios fundamentais da representação de SED através de redes de Petri. O primeiro passo é distinguir os componentes do sistema e identificar cada um deles como sendo passivo ou ativo. No exemplo do almoxarife, isto foi óbvio. Os componentes passivos (isto é, os balcões, estantes e o fichário de empréstimo) podem armazenar ítens e/ou torná-los visíveis. Eles podem assumir diferentes estados e são referidos como *distribuidores*. Os componentes ativos (no exemplo, os usuários do almoxarife nas suas três funções de interação, isto é, solicitação, empréstimo e devolução de ferramentas; e também o ato de tirar as ferramentas das estantes e o ato de colocá-las de volta às prateleiras) são capazes de produzir, transportar ou alterar ítens. Eles são referidos como *atividades*. Assim, as figuras acima representam *redes compostas por distribuidores* (círculos) e *atividades* (retângulos).

Evidentemente os arcos orientados são também importantes no projetos de redes distribuição-atividade. Um arco orientado nunca representa um componente do sistema, mas sim, um relacionamento abstrato entre os componentes, por exemplo, conexões lógicas, direitos de acesso, proximidade física ou relações diretas.

No caso das redes citadas, pode-se observar que não existem arcos ligando dois componentes passivos ou dois ativos (isto é, dois distribuidores ou duas atividades) mutuamente. Ao invés disso, cada arco parte de um distribuidor em direção a uma atividade ou vice-versa. De fato, isto não é acidental. A experiência confirma que isto é necessário para o uso apropriado de redes de Petri, isto é, a separação apropriada em componentes ativos e passivos. Quando este princípio é violado na modelagem de um SED, pode-se assumir que ou um componente real não foi modelado, ou os fatores que levam a uma separação dos componentes individuais de seus ambientes não foram avaliados corretamente. Isto pode ser ilustrado com um exemplo.

A Figura 4.7 mostra a maneira errada e a correta (isto é, em termos de redes de Petri) da modelagem de um sistema de transporte entre máquinas.

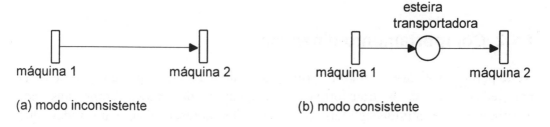

Figura 4.7 Descrição de uma simples conexão entre máquinas

Na figura da esquerda a esteira transportadora não foi modelada como um componente separado, ou então foi assumido que transportadores deste tipo podem ser omitidos do modelo do sistema. Ambos os casos demonstram ser incorretos, já que um transportador é, na verdade, um componente complexo. Materiais podem ser modificados ou perdidos nele. Na representação em rede, existe uma capacidade natural de modelar estes casos (vide Figura 4.8).

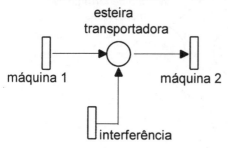

Figura 4.8 Derivação da Figura 4.7

Pode-se também conectar várias máquinas através de uma única esteira trasportadora (vide modelo na Figura 4.9).

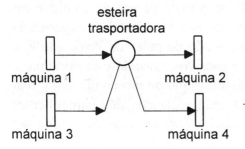

Figura 4.9 Diversas máquinas conectadas via um único transportador

4.1.2 Comportamento dinâmico

Neste ponto, focaliza-se um outro princípio fundamental da representação de SED por redes, isto é, a transformação sistemática das redes compostas por distribuidores e atividades, tais como aquelas apresentadas, para redes que modelam o comportamento dinâmico. Em relação ao exemplo do almoxarife e a estrutura apresentada na Figura 4.6, a Figura 4.10 indica que os distribuidores contêm objetos concretos, isto é, o formulário de pedido (preenchido) no balcão de solicitação, uma ferramenta no balcão de empréstimo (saída) esperando para ser retirada, e no balcão de devolução (retorno), uma ferramenta que foi devolvida mas que ainda não foi colocada de volta na prateleira.

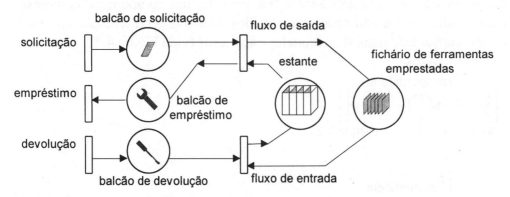

Figura 4.10 Formulário de solicitação, ferramentas e fichas de identificação

CAPÍTULO 4 - REPRESENTAÇÃO DE SED POR REDES DE PETRI   77

As ferramentas nas estantes e os cartões nos fichários de empréstimo são também indicados no grafo e as atividades podem agora redistribuir os ítens agindo de acordo com os procedimentos de controle do sistema.

Os formulários de pedidos são aceitos pelas atividades que processam o empréstimo e as ferramentas são retiradas das estantes para serem levadas ao balcão de empréstimo. As ferramentas solicitadas pelos usuários são retiradas neste balcão e as ferramentas devolvidas são colocadas novamente nas estantes.

4.1.3 Relação entre as representações por redes

Outro princípio que se apresenta aqui trata da relação entre diferentes representações por redes. Por exemplo, a mudança da Figura 4.2 para a Figura 4.3 envolve uma descrição mais detalhada das funções executadas pelos funcionários do almoxarife. Uma relação similar existe na mudança da Figura 4.3 para a Figura 4.4 e da Figura 4.4 para a Figura 4.5. Nestes casos, foram dadas descrições mais detalhadas das funções interativas exercidas pelos usuários do almoxarife e pelo próprio almoxarife (balcões). A passagem da Figura 4.5 para a Figura 4.6, por outro lado, é diferente. Aqui, um componente novo é acrescentado ao modelo (fichário de empréstimo). Assim, existem duas maneiras de desenvolver um modelo, isto é, através da *substituição* de um componente por uma sub-rede mais detalhada ou através do *acréscimo* de componentes ao sistema.

Os princípios que foram apresentados aqui, isto é, a decomposição do SED em componentes passivos e ativos, a transição da natureza estática dos componentes para o comportamento dinâmico de um SED, e o inter-relacionamento das representações por redes individuais indicam que a caracterização das diferentes redes é fundamental para que estas sejam devidamente exploradas no controle de SED. Assim, apresentam-se a seguir os principais tipos de redes de Petri.

4.2 REDES CONDIÇÃO-EVENTO

Considere um SED genérico com duas unidades produtivas em série. Os ítens produzidos em uma são armazénados em um magazine que alimenta a outra unidade. Num exemplo específico, *'armazerar em um magazine'* poderia também ser *'despachar'*, *'tornar disponível'* ou *'ceder'*. *'Remover do magazine'* poderia significar também *'aceitar'* ou *'receber'*. Os ítens podem ser materiais, peças, ferramentas, etc.

Na Figura 4.11, *'envio'* e *'recepção'* são *eventos* do SED (sob estudo) que têm natureza repetitiva. O evento *'envio'*, por exemplo, sempre ocorre se certas pré-condições forem satisfeitas, isto é, se a unidade 1 estiver pronto para enviar e o magazine estiver vazio. Quando ocorre o evento *'envio'*, a unidade 1 estará então pronta para produzir de novo e o magazine fica ocupado. *'Recepção'* é um evento que depende de duas condições, isto é, da unidade 2 estar pronta para receber, e do magazine estar no estado ocupado.

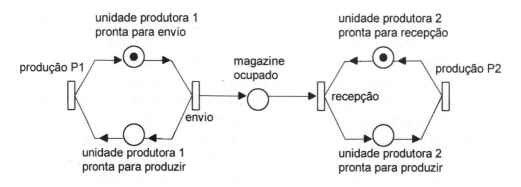

Figura 4.11 Unidades de produção em série

Os pré-requisitos para a ocorrência de um evento são formulados através das *condições*. Numa dada situação, qualquer condição está *satisfeita* ou *não-satisfeita*. O évento *'envio'* deve ocorrer se a condição *'unidade 1 pronta para envio'* for satisfeita e as condições *'magazine ocupado'* e *'unidade 1 pronta para produzir'* não estiverem satisfeitas. Como um resultado da ocorrência do *'envio'*, a condição *'unidade 1 pronta para envio'* deixa de ficar satisfeita e as condições *'magazine ocupado'* e *'unidade 1 prcnta para produzir'* são satisfeitas. Uma situação análoga aplica-se para o caso do evento *'recepção'*. Na sua ocorrência, as condições *'magazine ocupado'* e *'unidade 2 pronta para recepção'*, que devem ter sido satisfeitas previamente, deixam de ficar satisfeitas e, após a ocorrência do evento, a condição não satisfeita inicialmente, isto é, *'unidade 2 prorta para produzir'*, é satisfeita. Os seguintes elementos aparecem na Figura 4.11: condições (○), eventos (□) e arcos orientados (→). Um arco $b○→□e$ indica que b é uma pré-condição de e, um arco $e□→○b$ indica que b é uma pós-condição de e. As

CAPÍTULO 4 - REPRESENTAÇÃO DE SED POR REDES DE PETRI 79

condições satisfeitas em um certo instante são designadas com uma marca dentro da condição (⊙).

Se um evento ocorre, as suas pré-condições previamente satisfeitas deixam de ficar satisfeitas, e as suas pós-condições (previamente não-satisfeitas) são satisfeitas (vide Figura 4.12).

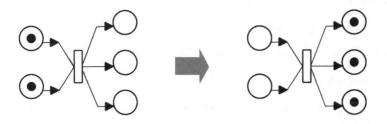

Figura 4.12 Efeito da ocorrência de um evento nas suas pré e pós-condições

A Figura 4.11 apresenta duas condições satisfeitas e três não-satisfeitas, e o evento *'envio'* (somente este evento) pode ocorrer. Se este evento ocorre, é gerada a configuração da Figura 4.13. Agora dois outros eventos podem ocorrer, isto é, *'produção'* e *'recepção'*, que são totalmente independentes entre si. Como um resultado da ocorrência destes e do evento *'produção'* da unidade produtora 2, a configuração da Figura 4.11 é novamente atingida.

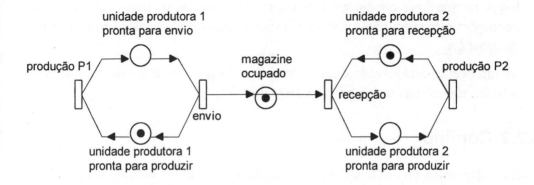

Figura 4.13 Configuração derivada da Figura 4.11 como resultado do evento *'envio'*

4.2.1 Regras

A partir das representações na Figura 4.11 e na Figura 4.13 identificam-se as seguintes regras:

Uma rede constituída por condições e eventos é baseada em:

- Condições, representadas por círculos (O);

- Eventos, representados por retângulos (□) ;

- Arcos orientados de condições a eventos (O→□);

- Arcos orientados de eventos a condições (□→O);

- Marcas em algumas condições (☉) que indicam o "case" inicial, isto é, as condições satisfeitas na situação inicial.

Em uma rede constituída por eventos e condições têm-se:

- Uma condição *b* é uma *pré-condição* do evento *e* se existe um arco *b*O→□*e* ;

- Uma condição *b* é uma *pós-condição* do evento *e* se existe um arco *e*□→O*b* ;

- Em qualquer situação dada, as condições são *satisfeitas* ou *não-satisfeitas*;

- Toda condição satisfeita é indicada por uma *marca*;

- Um *case* consiste de condições satisfeitas em uma dada situação.

A Figura 4.11 e a Figura 4.13 indicam dois cases diferentes de uma mesma rede condição-evento.

- Um evento de uma rede condição-evento pode ocorrer (em um dado case) se todas as suas pré-condições estiverem satisfeitas e se todas as suas pós-condições estiverem não-satisfeitas. Tais eventos são chamados (no case dado) de *ativados*.

- Se um evento está ativado e ele *ocorre*, as suas pré-condições deixam de ficar satisfeitas e as suas pós-condições são satisfeitas.

4.2.2 Conflito

Uma característica importante das redes condição-evento é o comportamento não-determinístico no caso de um *conflito*.

CAPÍTULO 4 - REPRESENTAÇÃO DE SED POR REDES DE PETRI 81

- Dois eventos de uma rede condição-evento estão em *conflito* entre si se ambos estão ativados e a ocorrência de um resulta na desativação do outro.

Como um exemplo, considere dois processos *p1* e *p2*, ambos podendo acessar o mesmo magazine. O acesso é arbitrário e sem uma seqüência definida. No entanto, o acesso simultâneo não é permitido por definição. A Figura 4.14 apresenta uma rede baseada neste exemplo. A restrição de acesso é realizada com a ajuda de uma "chave" que o processo deve carregar durante o acesso e devolver após o término. Como existe somente uma chave, os processos não poderão nunca ter acesso simultâneo. No case representado, os eventos *'p1 fica com a chave'* e *'p2 fica com a chave'* estão ambos ativados, isto é, ambos os eventos podem ocorrer. No entanto, não podem ocorrer independentemente um do outro (assim como no caso de *'produção'* e *'recepção'* na Figura 4.13). Se um dos eventos ocorrer, o outro deixa de ficar ativado (ao contrário dos eventos mencionados na Figura 4.13). Os dois eventos *competem* por uma chave disponível, eles estão em *conflito* entre si.

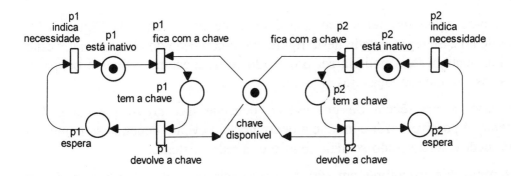

Figura 4.14 Dois processos com acesso limitado ao magazine

Dois eventos ativados estão em *conflito* entre si se têm no mínimo uma précondição ou uma pós-condição em comum (vide Figura 4.15).

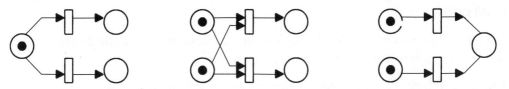

Figura 4.15 Exemplos de conflitos

Entretanto, conflitos nem sempre ocorrem quando os eventos possuem conjuntos de pré- ou pós-condições em comum (vide Figura 4.16).

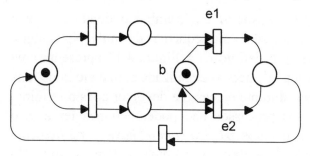

Figura 4.16 Tanto *e1* como *e2* têm a condição *b* como pré-condição. Entretanto nunca ocorre conflito entre eles

4.2.3 Contactos e complementação

Considera-se agora um fenômeno que é evidente no sistema da Figura 4.11. Apesar de no case representado nesta figura, a pré-condição do evento *'envio'* estar satisfeita, nenhum item poderia ser produzido se o magazine estivesse ocupado. Teria-se assim, uma situação de *contacto*.

Neste caso, a ocorrência de um evento depende das pré e pós-condições. Entretanto, é possível fazer com que a ocorrência do evento dependa somente das pré-condições, adicionando-se mais condições à rede existente.

No exemplo dos produtores em série, a ocorrência do *'envio'* também pode ser associada à condição de magazine vazio. Na Figura 4.17, esta condição foi incluída como uma extensão da Figura 4.13. Aqui, o evento *'envio'* poderá ocorrer sempre que as suas (duas) pré-condições forem satisfeitas. A nova condição é um *complemento* do *'magazine ocupado'*. Assim, *'magazine vazio'* é satisfeita quando *'magazine ocupado'* não é satisfeita. Uma das condições pertence ao pré-conjunto de um evento somente se a outra condição (complementar) pertence ao pós-conjunto do evento.

Na rede condição-evento, a condição b' é um *complemento* da condição b se as seguintes afirmações são válidas para todo evento e:

- b é pré-condição de e quando b' é uma pós-condição de e;
- b é pós-condição de e quando b' é uma pré-condião de e;
- b' não é satisfeita no case inicial se e somente se b é satisfeita no case inicial.

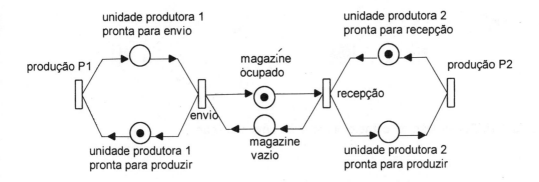

Figura 4.17 Inclusão de 'magazine vazio' como complemento de 'magazine ocupado'

As afirmações seguintes aplicam-se a uma rede condição-evento:

- Se b' é o complemento da condição b, certamente uma (e apenas uma) das duas condições está satisfeita em cada case.

- A adição do complemento de uma condição a uma rede, não altera o seu comportamento.

- Numa rede condição-evento, um *contacto* existe se todas as pré-condições e pelo menos uma pós-condição de um evento são satisfeitas.

- Uma rede condição-evento é *livre de contactos (contact-free)* se não há possibilidade de ocorrer contacto.

A rede da Figura 4.11 não é portanto livre de contacto. A Figura 4.17 ilustra uma rede livre de contacto.

- Uma rede condição-evento pode ser transformada em livre de contacto inserindo-se os complementos.

Em uma rede condição-evento, o complemento pode ser construído para todas as condições, a não ser que ele já esteja presente (vide Figura 4.18). Se a rede original não era livre de contacto, tornar-se-á livre de contacto com a adição de complementos. Uma rede pode, entretanto, ser livre de contacto sem que todas as suas condições estejam necessariamente acompanhadas por complementos. A Figura 4.16 ilustra um exemplo disto.

Figura 4.18 Construção do complemento *b'* de uma condição *b*

4.2.4 Exemplos adicionais

Apresenta-se inicialmente a organização de um pequeno sistema produtivo (vide Figura 4.19). O sistema consiste de três máquinas *M1, M2, M3* e dois operadores *B1* e *B2*. O sistema atende os pedidos baseado nas seguintes regras: todos as peças são processadas primeiro na *M1* e depois na *M2* ou *M3*. O operador *B1* irá trabalhar na *M1* e na *M2*, enquanto *B2* irá trabalhar na *M1* e na *M3*.

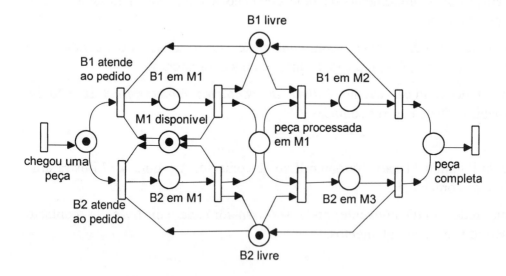

Figura 4.19 Diagrama organizacional de um sistema produtivo

Apresenta-se a seguir o diagrama organizacional de outro SED. A Figura 4.20 representa um sistema produtivo através de uma rede condição-evento com as seguintes características: duas máquinas de processamento, um espaço junto a cada máquina tal que uma peça possa ser trabalhada quando está neste espaço e quando a máquina estiver disponível. Existe ainda um operador que libera as peças e limpa as máquinas antes destas serem liberadas para o trabalho na próxima peça.

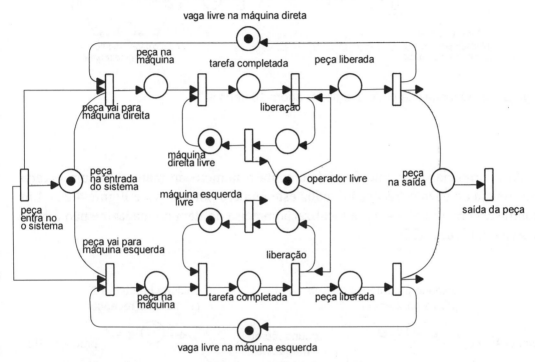

Figura 4.20 Diagrama organizacional de um posto de serviço

4.3 REDES LUGAR-TRANSIÇÃO

A Figura 4.11 pode ser modificada de modo que dois ítens possam ser acomodados no mesmo magazine. Isto pode ser feito sem grande dificuldade. Contudo, isto pode ser mais trabalhoso para 10 ou 30 objetos. (vide Figura 4.21). Na representação lugar-transição cada item enviado ainda é indicado dentro do círculo como uma marca, mas agora todo o magazine é representado por um único círculo.

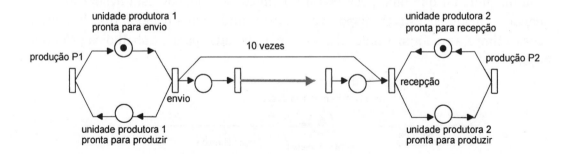

Figura 4.21 O magazine pode acomodar agora 10 ítens

Cada ocorrência do evento *'envio'* aumenta o número de marcas em um e cada ocorrência do evento *'recepção'* reduz este número por um (vide Figura 4.22). Em contraste com a Figura 4.21, a localização precisa do item no magazine não é mais vísivel na Figura 4.22.

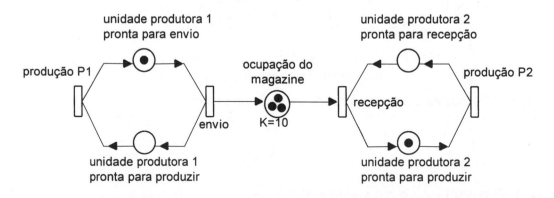

Figura 4.22 Representação concentrada da Figura 4.21 com três ítens no magazine

Na Figura 4.23, uma outra unidade produtora é adicionada no sistema da Figura 4.22.

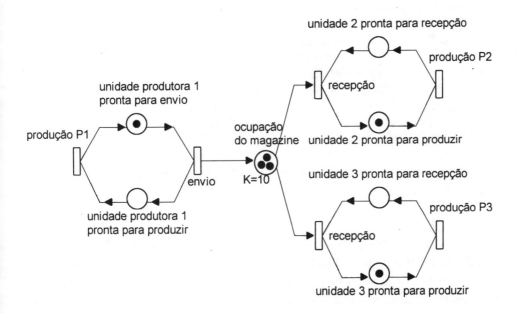

Figura 4.23 Adição de outra unidade produtora no sistema da Figura 4.22

Como acontece com os ítens produzidos na Figura 4.22, este pode ser o caso que se deseja levar em consideração o número de unidades produtoras sem distinguí-las individualmente. Neste caso as duas unidades produtoras (2 e 3) podem ser combinadas em um único componente da rede (vide Figura 4.24).

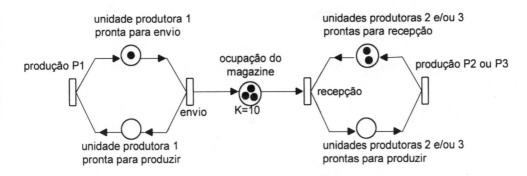

Figura 4.24 Combinação das unidades da Figura 4.23

O mesmo método pode ser usado para representar o fato de que outras unidades produtoras estão envolvidas no sistema (vide Figura 4.25).

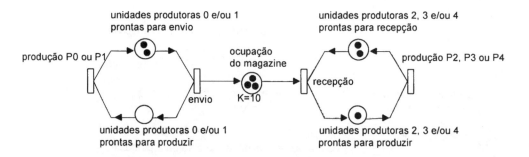

Figura 4.25 Modificação da Figura 4.24, para o caso de dois produtores e três consumidores

Neste caso, os termos "condições" e "eventos" não têm sentido. No lugar desses termos, refere-se, em um sentido mais genérico (isto é, mais abstrato), os círculos como *lugares* e os retângulos como *transições*. Explica-se as mudanças dinâmicas através do princípio da ocorrência de *transições* de acordo com a regra indicada no exemplo da Figura 4.26.

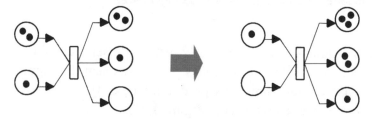

Figura 4.26 Ocorrência de uma transição

Baseado nesta regra, a situação da Figura 4.27 é obtida pela ocorrência do *'envio'* na Figura 4.25.

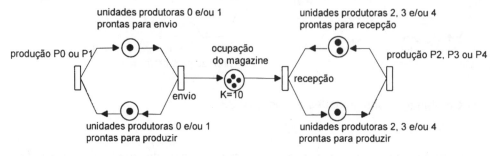

Figura 4.27 Situação seguinte da ocorrência da transição *'envio'* da Figura 4.25

CAPÍTULO 4 - REPRESENTAÇÃO DE SED POR REDES DE PETRI	89

4.3.1 Pesos dos arcos orientados

Considerando como exemplo uma modificação do sistema da Figura 4.14. Neste caso, tem-se três processos tipo *p2* que apenas identifica os ítens no magazine e um quarto tipo *p1* que modifica o conteúdo armazenado. Obviamente é sensato dar autorização de acesso independente (paralelo, concorrente) ao magazine para os processos tipo *p2*. Entretanto, o processo tipo *p1* deve, logicamente, ser habilitado para acesso ao magazine somente quando nenhum dos processos tipo *p2* estiver ativo.

A Figura 4.28 representa este sistema. Três chaves são utilizadas. Para *p2* precisamos de somente uma chave. Contudo, para *p1* precisamos de todas as três. Isto é representado por meio de um *arco de peso* 3 *(arco ponderado)*. Uma inscrição numérica no arco de um lugar para uma transição indica que na ocorrência da respectiva transição "desaparecerão através do arco" tantas marcas quanto indicado por este número.

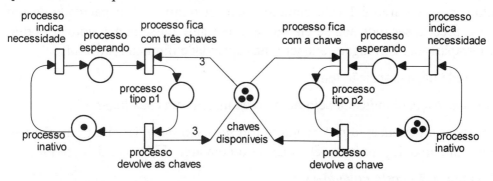

Figura 4.28 Sistema com 1 processo tipo *p1* e 3 tipo *p2*

O exemplo na Figura 4.29 mostra como uma transição ocorre quando arcos ponderados são utilizados.

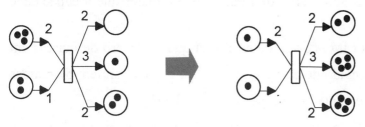

Figura 4.29 Ocorrência de uma transição com arcos ponderados

90   *Controle Programável - Fundamentos do controle de SED*

4.3.2 Regras

Uma rede *lugar-transição* consiste de:

- *Lugares*, representados por círculos (O);

- *Transições*, representadas por retângulos (□);

- Arcos *de lugares para transições* (O → □);

- Arcos *de transições para lugares* (□ → O);

- *Indicação de capacidade* para cada lugar (representado por uma inscrição $K=$ ...);

- *Peso* para cada arco (representada por um número);

- *Marcação inicial*, definindo o número de marcas para cada lugar (não pode ser maior que a capacidade indicada).

Quando o peso de arco é 1 este número pode ser omitido. A capacidade de um lugar não precisa ser indicada se ela não é importante ou se nunca houver perigo de ser ultrapassada. Um lugar pode ter uma capacidade ilimitada (infinita).

Em uma rede lugar-transição tem-se:

- Uma *marcação* é indicada pelo número de marcas em cada lugar;

- Um lugar p pertence ao *pré-conjunto* (ou *pós-conjunto*) de uma transição t se existe um arco de p para t (pO → □t) (ou um arco t□ → Op de t para p);

- Uma transição t está *ativada* se:

    - Para cada lugar p do pré-conjunto de t o peso do arco de p para t não é maior que o número de marcas em p,

    - Para cada lugar p do pós-conjunto de t o número de marcas em p acrescida pelo peso do arco de t para p não é maior que a capacidade de p;

- Uma transição ativada t irá *ocorrer* de tal forma que o número de marcas em cada lugar p é decrementado de g se p O $\xrightarrow{g}$ □ t e que o número de marcas em cada lugar p' é incrementado de g' se t □ $\xrightarrow{g'}$ O p'.

Formalmente, redes condição-evento são iguais às redes lugar-transição que possuem uma capacidade unitária para cada lugar e um peso unitário para cada arco.

Baseado no que foi afirmado anteriormente, pode-se formular a seguinte definição:

- Duas transições de uma rede lugar-transição estão em conflito uma com a outra se ambas estão ativadas e a ocorrência de uma resulta na desativação da outra.

A Figura 4.30 ilustra uma caso deste tipo.

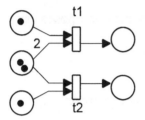

Figura 4.30 Conflito entre *t1* e *t2*

4.3.3 Contactos e complementação

De acordo com o que foi apresentado anteriormente, pode-se definir a existência de uma situação de contacto por:

- Um contacto existe, numa marcação M, em uma transição t se os lugares p da forma $p \bigcirc \xrightarrow{g} \square\, t$ contêm ao menos g marcas e existe ao menos um lugar p' da forma $t\, \square \xrightarrow{g'} \bigcirc p'$, tal que o número de marcas em p', acrescido por g', seja maior que a capacidade de p'. Em outras palavras, t não pode ocorrer devido a capacidade insuficiente de um lugar.

Como no caso da rede condição-evento, contactos podem ser evitados através da construção de complementos. Se a capacidade de um lugar p não é infinito, um lugar p' com "arcos reversos" é construído de maneira similar àquela indicada na Figura 4.18 (vide Figura 4.31).

Figura 4.31 Construção do lugar complemento

Se p é um lugar com capacidade finita em uma rede lugar-transição, um novo lugar p' é construído como um complemento através de:

- Adição novos arcos da forma $t\square \xrightarrow{g} \bigcirc p'$ com os mesmos pesos para cada arco da forma $p\bigcirc \xrightarrow{g} \square t$,

- Adição de novos arcos da forma $p' \bigcirc \xrightarrow{g'} \square t$ com os mesmos pesos para cada arco da forma $t\square \xrightarrow{g'} \bigcirc p$,

- A capacidade de p' é igual a capacidade de p e

- A marcação inicial de p' é igual a capacidade de p' menos a marcação inicial de p.

Cada rede lugar-transição pode ser feita livre de contacto por meio de complementos.

A construção do complemento não muda a capacidade das transições ocorrerem (vide Figura 4.32).

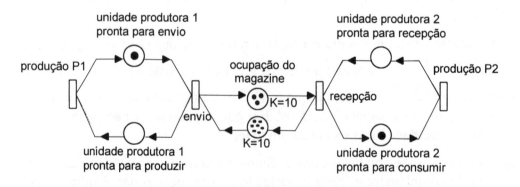

Figura 4.32 Inclusão do lugar complemento na Figura 4.22

4.3.4 Exemplos Adicionais

Com a possibilidade de colocar mais que uma marca em cada lugar, pode-se re-interpretar a Figura 4.19 com a possibilidade da presença de várias peças nos lugares correspondentes. Pode-se trocar as inscrições *'chegou uma peça'*, *'peça processada em M1'* e *'peça completa'* por *'chegada de peças'*, *'peças processadas em M1'* e *'peças completas'*. Uma capacidade pode ser indicada para estes lugares ou deixada indefinida (em um sistema real correspondente ao diagrama da Figura 4.19 a capacidade desses lugares é sempre limitado). Observa-se que, mesmo interpretando a Figura 4.19 como uma rede lugar-transição, os lugares não citados acima nunca irão conter mais que uma marca.

Uma conversão análoga da rede da Figura 4.20 para rede lugar-transição apresenta somente pequenas modificações. Neste caso seria possível admitir mais de uma peça nas máquinas de e na área de saída.

Se somente as informações *quantitativas* têm importância, isto é, se somente é importante identificar quantos espaços estão disponíveis, o grafo da Figura 4.33 é suficiente para representar o caso de 4 espaços nas máquinas.

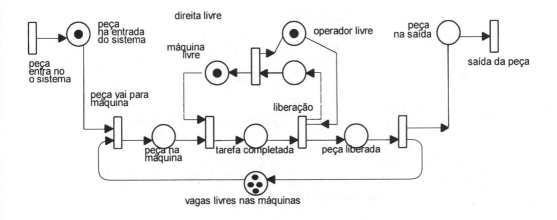

Figura 4.33 Sistema com 2 máquinas e 4 espaços, representado por uma rede lugar-transição

Uma solução para o caso de 4 espaços nas máquinas e 2 operadores seria diferente da rede indicada na Figura 4.33 somente na marcação inicial, isto é, o lugar *'operadores livres'* teria duas marcas.

No caso de 2 espaços por máquina e 2 operadores, resultaria em uma rede condição-evento complexa. Ela deveria, por exemplo, conter oito diferentes possibilidades para liberação das peças.

4.4 REDES DE MARCAS INDIVIDUAIS (REDES COLORIDAS)

4.4.1 Arcos com inscrições fixas

Considerando-se o exemplo de uma máquina que pode executar uma tarefa com dois tipos diferentes de ferramenta. Quando a máquina e uma das ferramentas estão prontas, haverá a execução da tarefa, isto é, uma operação produtiva. Posteriormente, a máquina e as ferramentas são liberadas para ajustes e limpeza, sendo possível novas operações produtivas. Um sistema deste tipo é representada na Figura 4.34 por uma rede condição-evento envolvendo uma máquina C e duas ferramentas, A e B. Essa representação indica qual ferramenta a máquina utiliza.

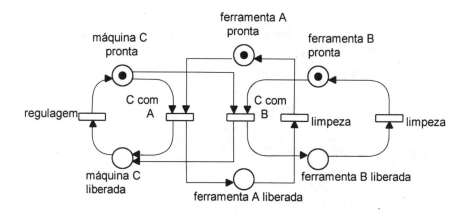

Figura 4.34 Sistema representado por uma rede condição-evento

Se mais de uma máquina e duas ferramentas estiverem envolvidas no sistema, sua representação por rede condição-evento tornar-se-á complicada rapidamente. Para tanto, existe a proposta das redes lugar-transição.

A Figura 4.35 ilustra a rede lugar-transição correspondente à rede da Figura 4.34. Contudo, ela não indica *qual* ferramenta a máquina utiliza. Essa representação indica somente que ocorreu uma operação produtiva.

CAPÍTULO 4 - REPRESENTAÇÃO DE SED POR REDES DE PETRI

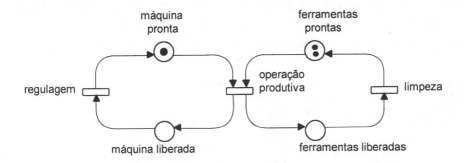

Figura 4.35 Sistema representado por uma rede lugar-transição

Seria interessante se as vantagens de ambos os tipos de redes fossem combinadas de modo que a representação resultante:

- Indicasse precisamente como a operação produtiva é realizada e
- Continuasse sendo compacta e de fácil compreensão.

Assim, as máquinas e ferramentas não são mais representadas por marcas indistintas. Ao invés disso, *elas próprias serão as marcas*. Na Figura 4.36 a máquina *C* é, ela própria, a marca do lugar *'máquina pronta'*. As ferramentas *A* e *B* são as próprias marcas em *'ferramentas prontas'*.

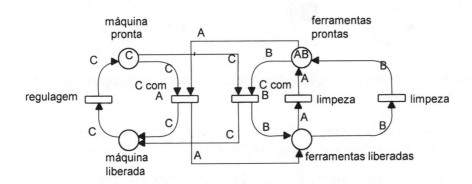

Figura 4.36 Sistema representado por uma rede no qual máquinas e ferramentas são elas próprias as marcas

Se *A* e *C* realizam uma operação produtiva, isto resultará na situação representada na Figura 4.37. Aqui ocorreu a operação *'C com A'*. Os arcos (isto é, os arcos que terminam ou que partem desta transição) possuem as inscrições *'A'* e *'C'*.

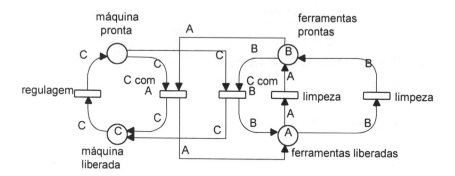

Figura 4.37 Situação seguinte à ocorrência da transição *'C com A'* na Figura 4.36

Na Figura 4.36 a regra estabelece que uma marca pode "fluir por um arco" somente se esta marca corresponde à inscrição do arco. O fato de diversos arcos que entram e saem de uma transição terem a mesma inscrição indica para onde as marcas de *'máquina pronta'* ou *'ferramentas prontas'* irão fluir.

A Figura 4.38 ilustra mais uma vez o princípio na qual se baseia a ocorrência de uma transição numa rede com marcas individuais e arcos com inscrições fixas.

Figura 4.38 Ocorrência de uma transição numa rede com arcos com inscrições fixas

Para retornar à situação da Figura 4.36 a partir da configuração representada na Figura 4.37, as duas transições *'regulagem de C'* e *'limpeza de A'* devem ocorrer.

Em resumo, pode-se afirmar que na Figura 4.36 e na Figura 4.37 representa-se o que está descrito na Figura 4.34 sem perda de informação. Está precisamente indicado com qual ferramenta a máquina interage e quem sofre a regulagem ou limpeza. Existem menos lugares que na Figura 4.34 mas, o número de transições é o mesmo. Se adicionarmos mais máquinas e ferramentas neste sistema, devemos acrescentar somente mais transições na Figura 4.36.

4.4.2 Regras para redes com arcos com inscrições fixas

Uma rede com marcas individuais e arcos com inscrições fixas é constituída por:

- *Lugares, transições* e *arcos orientados* tais como numa rede lugar-transição;
- *Itens* individuais e distintos, que podem fluir através da rede como marcas;
- Uma *marcação inicial* que define para cada lugar quais ítens ele contém no início;
- Uma *inscrição* em cada arco orientado, designando um item individual.

O pré-conjunto e o pós-conjunto de um lugar ou uma transição são definidos de modo análogo ao caso das redes lugar-transição.

Em uma rede com marcas individuais e arcos com inscrições fixas tem-se:

- Uma *configuração* é constituída por uma distribuição de ítens nos lugares;
- Uma transição t está *ativada* se todo lugar p do pré-conjunto de t contém o item designado pela inscrição do arco de p a t;
- Uma transição ativada t *ocorre* de forma que:
- Para cada lugar p do pré-conjunto de t, o item indicado pelo arco de p a t é removido, e
- Todo lugar p' do pós-conjunto de t recebe o item indicado pelo arco correspondente de t a p'.

4.4.3 Outras possibilidades para arcos com inscrições fixas

Foi ilustrado como os ítens, que podem ser armazenados como marcas nos lugares, podem também aparecer como inscrições em arcos. É possível que os ítens apareçam "do nada" ou desapareçam "sem deixar vestígios". Podemos tomar como exemplo o sistema produtivo em série apresentado anteriormente.

Na Figura 4.39 a unidade produtiva E e a unidade produtiva V estão representadas como marcas individuais e assumimos que em cada caso um dos três ítens A, B ou C será produzido.

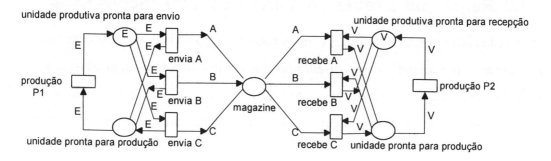

Figura 4.39 Sistema produtivo em série com marcas individuais

Supondo-se que um item produzido esteja pronto para envio na configuração dada, o envio de A resulta na configuração indicada na Figura 4.40. Quando a marca E atingir novamente o lugar *'unidade pronta para produção'*, um item do tipo A pode ser produzido novamente.

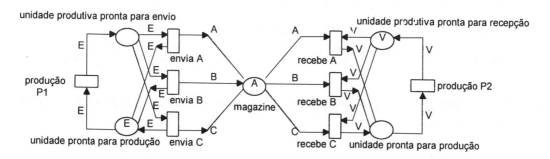

Figura 4.40 Configuração seguinte do envio do item A

Isto resulta então na configuração dada na Figura 4.41. Para evitar que isto ocorra, deve-se definir uma capacidade geral para o magazine ($K = 1$ indicaria o limite de uma marca, qualquer que seja o tipo de item em questão) ou então definir uma capacidade para cada tipo de item ($K_A = 1$, $K_B = 1$, $K_C = 2$ indicaria, por exemplo, o limite de uma marca para os ítens do tipo A e B e o limite de duas marcas para o item do tipo *C*). Um fato importante é que, no geral, vários ítens do mesmo tipo são permitidos em lugares diferentes e/ou no mesmo lugar.

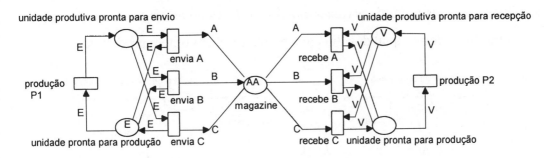

Figura 4.41 Configuração seguinte à produção e envio de outro item A

A mudança de condições e eventos para lugares e transições tornou possível adicionar ou remover várias marcas "pretas" de um lugar, ao mesmo tempo. Igualmente, pode-se considerar agora o caso onde várias marcas individuais em um lugar desloquem-se com a ocorrência de uma transição. Para isto, modifica-se o sistema produtivo em série da Figura 4.39 de tal forma que em cada processo de envio, ítens de tipos '*A* e *B*' ou ítens de tipos '*A* e *C*' sejam enviados.

Na Figura 4.42 isto é representado pelo fato de que os arcos que terminam no magazine possuem dois ítens nas inscrições, isto é, '*A* + *B*' em um dos arcos e '*A* + *C*' no outro. A produção está organizada agora de tal forma que em qualquer passo de remoção serão retirados dois ítens do tipo *B* ou então, dois ítens do tipo *A* e um item do tipo *C*. Isto está representado pelas inscrições '2*B*' ou '2*A* + *C*'.

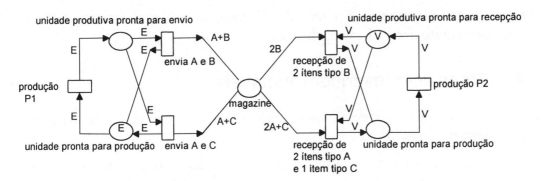

Figura 4.42 Sistema produtivo em série com múltiplas unidades produtoras

Modificando a seguir para a configuração da Figura 4.43 onde:

- Somente ítens do tipo A são produzidos,
- Duas unidades produtivas (receptoras) V_1 e V_2 estão presentes e
- O produtor define qual dos dois receptores receberá o item produzido.

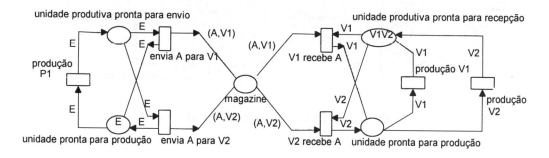

Figura 4.43 Sistema produtivo em série com unidades pré-especificadas

Uma marca pode agora ser também um par (A, V_1) ou (A, V_2). A Figura 4.43 ilustra o sistema correspondente com uma configuração na qual tanto o consumidor V_1 como o consumidor V_2 podem consumir o item A.

Em redes com marcas individuais, às vezes é conveniente que um lugar p esteja localizado em ambos os conjuntos: pré e pós de uma transição t, isto é,

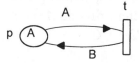

Assim, quando t ocorre, A é removido do lugar p e B é acrescentado. Uma configuração deste tipo é chamado de *loop*.

4.4.4 Arcos com inscrições variáveis

Considera-se de novo o sistema apresentado em 4.4.1, mas desta vez incluindo mais de uma máquina e duas ferramentas.

Representando-se este novo sistema através de uma rede com arcos com inscrições fixas, isto é, como uma extensão da Figura 4.36, o número de lugares permanece o mesmo e o número de marcas aumenta de um para cada máquina ou ferramenta acrescentada. Entretanto, o número de transições aumenta

CAPÍTULO 4 - REPRESENTAÇÃO DE SED POR REDES DE PETRI   101

rapidamente. Para mais uma máquina *D*, três transições adicionais (*'D com A'*, *'D com B'* e *'D em regulagem'*) são necessárias. Para um sistema envolvendo quatro máquinas e cinco ferramentas seriam necessárias mais 29 transições.

Assim, é conveniente encontrar uma representação que não envolva modificação na rede básica quando são acrescentadas máquinas ou ferramentas.

Um sistema deste tipo é possível observando-se que as transições *'A em limpeza'* e *'B em limpeza'* da Figura 4.36 têm os mesmos pré e pós-conjuntos. Ambas as transições levam uma ferramenta *A* ou *B* ao estado *'prontas para a operação'*. A ocorrência destas transições indica que uma ferramenta *x* está pronta, seja *x=A* ou *x=B*. Baseado nesta idéia, pode-se agora considerar uma transição *'x em limpeza'* (Figura 4.44) cuja ocorrência se dá *com relação a uma das ferramentas A ou B*.

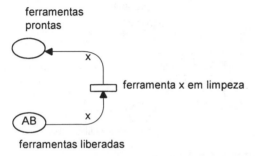

Figura 4.44 Construção de uma transição com variável x

Isto significa que, antes da ocorrência, a variável *x* é substituída por *A* ou *B* no arco que parte ou termina em *'x em limpeza'*. Depois disto, o comportamento é o mesmo de uma rede com arcos com inscrições fixas. Assim, se *x* for substituído por *A*, a transição *'x em limpeza'* ocorre como uma transição *'A em limpeza'*. Por outro lado, se *x* for substituído por *B*, a transição *'x em limpeza'* ocorre como uma transição *'B em limpeza'*. Este procedimento é ilustrado na Figura 4.45.

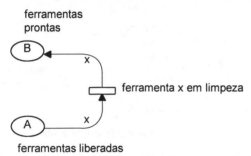

Figura 4.45 Situação após a ocorrência da transição *'x em limpeza'* em relação a *B* da Figura 4.44

Esta técnica oferece uma vantagem evidente. Se mais ferramentas estiverem envolvidas no sistema (por exemplo, se existirem outras três além de *A* e *B*), não haverá necessidade de representar cinco transições '... *em limpeza'*, bastando somente uma transição conforme está ilustrado na Figura 4.44. Os lugares envolvidos podem agora conter qualquer uma das cinco ferramentas como marca.

Da mesma maneira que a transição '*x em limpeza'* foi introduzida pode-se também providenciar uma transição '*y sendo regulado'* para as máquinas. A ocorrência desta transição requer que a variável *y* seja substituída por uma máquina.

Finalmente, pode-se fazer com que uma única transição represente qualquer operação produtiva entre uma ferramenta *x* e uma máquina *y* (vide Figura 4.46).

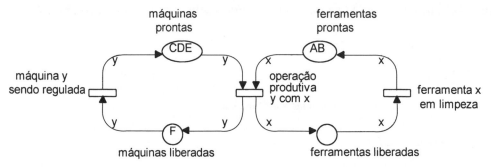

Figura 4.46 Sistema com 2 ferramentas e 4 máquinas

Aqui, os arcos da transição '*y com* x' possuem inscrições com duas variáveis *x* e *y*. Para que esta transição ocorra, *x* deve ser substituído por uma ferramenta e *y* por uma máquina. Assim, a transição '*y com* x' da Figura 4.46 pode ocorrer quando *x* é substituído por *A* ou *B,* e *y* por *C, D,* ou E. A Figura 4.47 ilustra esta transição quando *x* é substituído por *B* e *y* por *D*.

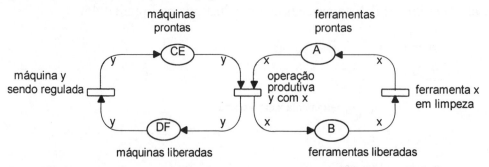

Figura 4.47 Situação após a ocorrência na Figura 4.46 da transição '*y com x'* com relação a *x=B* e *y=D*

Com as variáveis x e y como inscrições de arcos, pode-se representar o sistema descrito na Figura 4.34 por uma rede que:

- Contém todas as informações da Figura 4.34, indicando claramente quem participa da operação produtiva;

- É tão compacta quanto a Figura 4.35, isto é, consiste meramente de quatro lugares e três transições; e

- Torna possível envolver mais máquinas e ferramentas no sistema, de tal forma que cada elemento novo é tratado como uma nova marca e a rede não precisa ser modificada.

4.4.5 Regras para redes com arcos com inscrições variáveis

Uma *rede com marcas individuais e arcos com inscrições variáveis* é constituída por:

- *Lugares, transições, arcos orientados* e uma *configuração inicial* constituída de ítens individuais como nas redes com arcos com inscrições fixas;

- Uma variável, por exemplo, x, y, z ou algo similar, como uma inscrição para cada um dos arcos.

Os pré e pós-conjuntos de um lugar ou uma transição são definidos como no caso de arcos com inscrições fixas, e uma configuração é dada por uma distribuição de ítens nos lugares.

Numa rede com marcas individuais e arcos com inscrições variáveis tem-se:

- Uma *substituição para uma transição t* consiste em substituir todas as variáveis dos arcos que partem ou terminam em t por um item individual;

- Variáveis que ocorrem mais de uma vez são substituídas em todos os lugares pelo mesmo item;

- Uma transição t *está ativada em relação à substituição* se todo lugar p do pré-conjunto de t contém o item que substituirá a variável dos arcos de p a t;

- Uma transição t que está ativada em relação à substituição ocorrerá de forma que:

- O item é removido de todo lugar p do pré-conjunto de t que foi substituído na variável do arco de p a t,

- Todo lugar p' do pós-conjunto de t recebe o item que substituiu a variável do arco de t a p'.

A Figura 4.48 fornece um outro exemplo de ocorrência de transições no caso de arcos com inscrições variáveis. Na configuração dada, t pode ocorrer com $x = B$ e $y = C$. De fato, não existe nenhuma outra possibilidade.

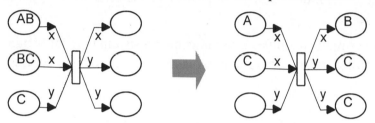

Figura 4.48 Ocorrência de uma transição com arcos com inscrições variáveis

4.4.6 Possibilidades para arcos com inscrições variáveis

Foi apresentado que arcos com inscrições fixas podem ser agrupados. Vários ítens podem ser colocados em um arco (vide Figura 4.42), fluindo juntamente "através do arco" quando a transição em questão ocorre. Na Figura 4.43 ítens são agrupados em pares e, desta maneira, são combinados para formar marcas únicas. Uma estrutura similar também é possível com outras inscrições.

Considerando-se agora os casos dos ítens que aparecem "do nada" ou o caso dos ítens que desaparecem "sem deixar vestígios". O segundo caso não oferece dificuldade: em $p\bigcirc\xrightarrow{x}\square$ t um dos ítens em p desaparece quando t ocorre se nenhum arco que sai de t carrega a inscrição x. Da mesma maneira, em t $\square\xrightarrow{x}\bigcirc p$ um item arbitrário é produzido e armazenado em p. Geralmente, o intuito não é produzir um item totalmente arbitrário, mas sim, um que possua certas características. Essas características podem ser especificadas na *transição t*.

Como um exemplo, considera-se mais uma vez o sistema produtivo em série da Figura 4.11. Assumindo que ítens são identificados por códigos de 4 dígitos[8], tem-se a rede da Figura 4.49.

---

[8]A identificação de peças por códigos é um procedimento muito utilizado na indústria. Os códigos podem ser definidos pela aplicação da técnica de Tecnologia de Grupo que visa a racionalização dis processos.

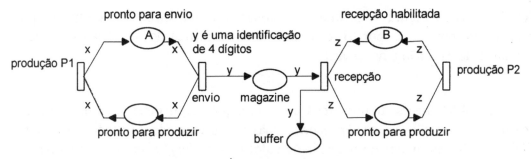

Figura 4.49 Sistema de produção com peças codificadas

A transição *'envio'* pode ocorrer com $x = A$ e assim associar a uma peça, uma identificação de quatro dígitos indicado por y. Na configuração da Figura 4.50 tem-se $y = 3286$. Existe um outro componente acrescentado à Figura 4.11 que armazena todas as identificações recebidas, o buffer.

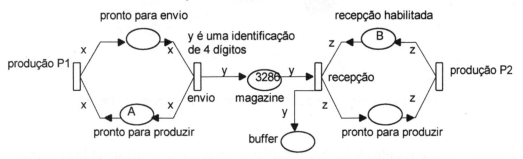

Figura 4.50 Situação após a ocorrência da transição *'envio'* com $x=A$ e $y=3286$ na Figura 4.49

Assim, a ocorrência da transição *'recepção'* com $y = 3286$ e $z = B$ na Figura 4.50 resulta na situação indicada na Figura 4.51.

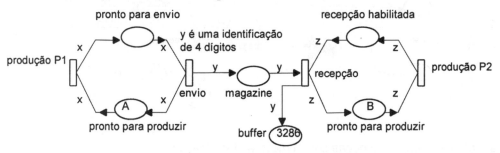

Figura 4.51 Situação após a ocorrência da transição *'recepção'* com $z=B$ e $y=3286$ na Figura 4.50

As variáveis na Figura 4.49 foram selecionadas de tal forma que x seja sempre substituído por A, z por B e y por uma identificação de quatro dígitos. Obviamente, isto não é necessário.

A Figura 4.52 ilustra alguns arcos com inscrições com mais de uma variável. Quando a transição *'recepção'* ocorre, duas peças com identificações de quatro dígitos serão removidas do magazine e colocadas no *'buffer'* em um único passo. Essas duas peças podem ser quaisquer duas que estejam no magazine, sejam elas iguais ou diferentes.

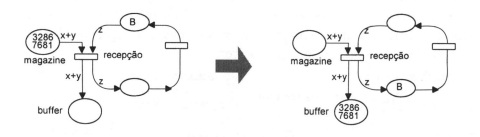

Figura 4.52 Recepção simultânea de duas peças com identificações diferentes

Na Figura 4.53, por outro lado, *'recepção'* pode ocorrer somente quando existem 2 peças com a mesma identificação no magazine. Neste caso, ambas as peças são removidas do transportador, mas somente uma identificação é colocada no *'buffer'*.

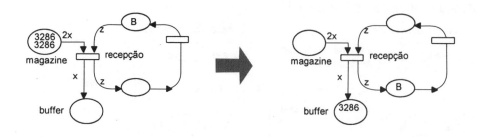

Figura 4.53 Recepção de 2 peças com a mesma identificação

Para introduzir um outro tipo de inscrição para arcos, modifica-se o sistema produtivo em série da seguinte forma: toda identificação de quatro dígitos referente a peça enviada é quebrada pelo receptor em duas partes de dois dígitos cada uma. O início de cada identificação *y, beg(y),* consiste dos dois primeiros dígitos e o final, *end(y),* dos dois últimos. O começo e o fim de uma identificação recebida são armazenadas separadamente nos elementos *'buffer A'* e *'buffer E'* (que podem indicar respectivamente o material e a maior dimensão das peças).

A Figura 4.54 ilustra a parte da rede modificada, isto é, a transição *'recepção'* com seus elementos adjacentes. As inscrições *beg(y)* e *end(y)* causam a ocorrência de *'recepção'* na armazenagem do início ou o fim de uma identificação de quatro dígitos, dividindo-os e encaminhando-os para os elementos armazenadores correspondentes.

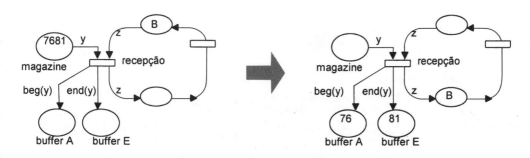

Figura 4.54 Divisão das identificações recebidas

Na Figura 4.43 foi ilustrado que pares de ítens podem aparecer como inscrições (de arcos). Uma construção similar também é possível com pares de variáveis. Como exemplo, considera-se o sistema produtivo em série de tal forma que existam duas unidades produtoras receptoras, *B* e *C,* e onde a unidade produtiva de envio, determina qual a unidade receptora (*B* ou *C*) para cada item. A Figura 4.55 ilustra este princípio.

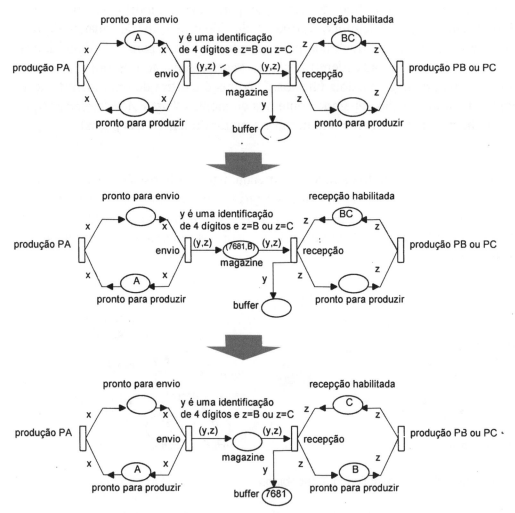

Figura 4.55 Transmissão de peças com especificação da unidade de produção receptora

Analisando-se mais uma vez o exemplo do sistema da Figura 4.33, nota-se que foi assumido a existência de duas máquinas, com um total de quatro espaços. As configurações atingíveis da Figura 4.33 indicam quantos espaços ou máquinas estão disponíveis. Entretanto, na Figura 4.56 pode-se indicar muito mais precisamente quais espaços e máquinas que estão envolvidas. L e R são as marcas individuais das máquinas que também são utilizados para identificar os espaços nas máquinas. Como os dois espaços na máquina L não são distintas, dois $L's$ são usados como marcas no lugar 'espaços disponíveis'. A mesma consideração aplica-se a R. Supomos ainda que existam dois operadores, T e U.

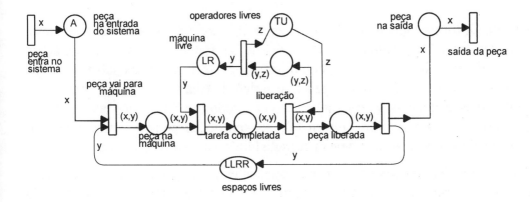

Figura 4.56 Sistema produtivo com 2 operadores, 2 máquinas e 2 espaços por máquina

Como uma variante, pode-se considerar que o sistema esteja organizado de tal forma que quatro espaços arbitrários sejam disponíveis, todos podendo ser servidos pelas duas máquinas. A Figura 4.57 ilustra esse diagrama organizacional. Neste caso, não só os pares (x, y) mas também três grupos de variáveis (x, y, z) são usados como inscrições. Obviamente, listas deste tipo podem ser mais longas.

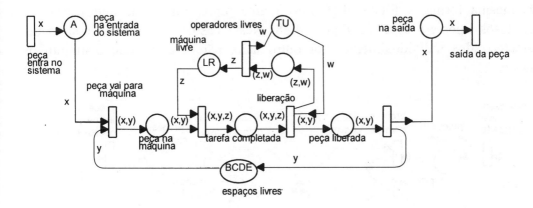

Figura 4.57 Sistema com 2 operadores e 2 máquinas que podem atender qualquer um dos 4 espaços existentes

4.4.7 Redes de marcas individuais (Redes Coloridas)

Chegamos à forma mais genérica de redes de marcas individuais. As redes deste tipo podem incluir combinações arbitrárias de constantes, variáveis e operações (tais como *beg(y)* da Figura 4.54) como inscrições de arcos. Toda substituição de variáveis por ítens definidos pelas inscrições estabelece quais ítens são significativos e quantas vezes (num sistema produtivo em série, por exemplo, *'2x+beg(y)+A'* pode ser uma inscrição). As transições podem também possuir inscrições tipo condições que devem ser satisfeitas para a ativação e ocorrência.

A marca "preta" desempenha um papel especial entre as marcas fixas. A inscrição para este caso pode ser omitida. A Figura 4.58 ilustra o acréscimo à Figura 4.49 do lugar *'magazine disponível'* que pode conter no máximo uma marca preta.

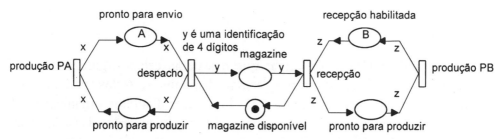

Figura 4.58 Introdução do *'magazine disponível'* na Figura 4.49

Da mesma forma, a Figura 4.59 ilustra uma representação da autorização de processos tipos *p1* e *p2* da Figura 4.28. Neste caso, os processos podem ser caracterizados individualmente. Por outro lado, não teria sentido distinguir as chaves.

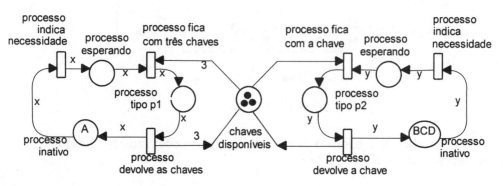

Figura 4.59 Sistema com autorização individual dos processos tipo *p1* e tipo *p2*

Capítulo 4 - Representação de SED por Redes de Petri

Uma rede de marcas individuais é constituída por:

- *Lugares, transições* e uma *configuração inicial* constituida de ítens individuais como no caso de redes com arcos com inscrições fixas e/ou variáveis;

- Uma expressão constituída de *constantes, variáveis* e *operações* como uma inscrição para cada arco, de tal forma que a substituição de variáveis por ítens indica o tipo e/ou número de ítens, sendo possível um mesmo item ser indicado mais de uma vez;

- Uma *condição adicional* para todas as transições (que pode ser omitida).

Numa rede de marcas individuais tem-se:

- Uma *substituição para uma transição t* é definida quando todas as variáveis nas expressões indicadas pelas inscrições nos arcos que partem ou terminam em t e a condição adicional de t, são todas substituídas por ítens individuais (variáveis que aparecem mais de uma vez são substituídas pelo mesmo item);

- Uma transição t está *ativada em relação à substituição* se todo lugar p do pré-conjunto de t contém todos os ítens em número maior ou igual à quantidade indicada pela substituição da expressão do arco de p a t, e se a condição adicional de t é satisfeita;

- Uma transição t ativada em relação à substituição irá *ocorrer* de forma que

- O mesmo número de ítens será removido de cada lugar p do pré-conjunto de t como indicada pela substituição da expressão do arco de p a t, e

- Todo lugar p do pós-conjunto de t receberá o mesmo número de ítens indicados pela substituição da expressão do arco de t a p.

A Figura 4.60 ilustra uma variação do exemplo do sistema produtivo. Baseada na Figura 4.57, existe agora uma máquina tipo B e uma máquina tipo D. Toda peça é indicada por um par de variáveis (x, z). A variável z indica o tipo de máquina a ser utilizada.

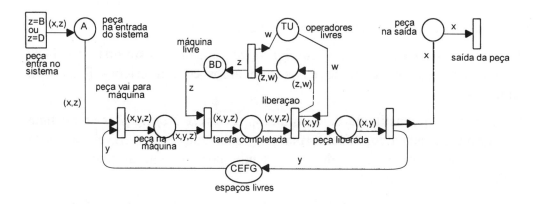

Figura 4.60 Sistema produtivo com máquinas de dois tipos

Todos os conceitos relacionados às redes lugar-transição podem agora ser desenvolvidos adequadamente para redes de marcas individuais. Um limite para capacidade pode ser definido para lugares de tal forma que quando essa capacidade é atingida, transições não possam ocorrer. O limite de capacidade pode ser diferente para cada lugar e cada tipo de item. Deve ficar claro quando um conflito existe e qual é a situação de contacto. A construção de complementos é também possível para redes de marcas individuais se forem definidos os limites de capacidade.

4.5 REDES DE PETRI E CONTROLE DE SED

Os exemplos apresentados procuram demonstrar que o poder de descrição das redes de Petri, mesmo quando comparadas com outras técnicas de modelagem e análise como: teoria de filas, álgebra min-max, etc. é muito grande. Entretanto, do ponto de vista de uma técnica de descrição e implementação do algoritmo de controle de SED, existe uma grande dificuldade de sua aplicação devido a uma ausência de regras de interpretação e construção do grafo.

Assim, diversas pesquisas foram conduzidas para o desenvolvimento de uma versão apropriada para aplicações práticas. O GRAFCET e o MFG (Capítulo 5) são duas das técnicas mais representativas para a aplicação industrial e que essencialmente são equivalentes. De fato, pode-se afirmar que eles representam a base teórica do SFC.

Neste contexto, o MFG continua sendo objeto de estudos, visando aprimorar e aplicar os conceitos de decomposição do sistema em componentes passivos e ativos, de transição da natureza estática dos componentes para o comportamento dinâmico de um sistema, e do inter-relacionamento das representações por redes coloridas para a formação de uma técnica integrada do projeto de SED.

Controle Programável - Fundamentos do controle de SED

5. Desenvolvimento do Controle por Redes

A rede de Petri, apresentada no Capítulo anterior, é uma técnica fundamental e extremamente efetiva para a modelagem de sistemas. A sua base teórica permite o desenvolvimento de poderosas técnicas e ferramentas de análise e síntese de estratégias de controle. Entretanto, nota-se que um número elevado de diferentes fatores devem ser considerados na síntese de tais redes, por exemplo, quais componentes estão envolvidos, como eles se comportam nas possíveis situações, como as marcas devem ser distribuídas inicialmente, se todas as dependências estão ou não representadas corretamente, etc. Além disso, conforme pode ser notado pelos exemplos de aplicação apresentados, o grafo resultante pode ser muito grande e assim, uma das principais características e vantagens desta técnica, que é a facilidade de visualização do sistema, fica comprometida. Este problema é evidentemente agravado para sistemas de grande porte e complexos, como aqueles que envolvem conexões com redes e diferentes níveis hierárquicos. Este resultado se deve ao grande poder de modelagem da rede de Petri; além disso, conforme o tipo de sistema, os modelos gerados apresentam informações redundantes que poderiam ser devidamente combinados para a simplicação do grafo.

A síntese 'em um único passo' dessas redes é complicada e provavelmente pode conduzir a erros se o sistema em questão for de maior complexidade. Assim, é racional considerar-se que na modelagem inicial seja utilizando interpretações (inscrições) em linguagem natural (não formais) e a partir deste modelo desenvolver um detalhamento gradativo com interpretações mais específicas (formais).

Assim, neste Capítulo, apresenta-se a técnica do PFS (Production Flow Schema) e do MFG (Mark Flow Graph) que são versões da rede de Petri próprias para aplicação em diferentes níveis de modelagem, análise e controle de SED. Os primeiros trabalhos destas técnicas foram publicados em 1975 e desde então têm sido objeto de constantes estudos e aperfeiçoamentos. Apresenta-se também como estas técnicas podem ser explorada em conjunto com uma eficiente metodologia de projeto de sistemas de controle, isto é, a metodologia MFG/PFS.

5.1 Production Flow Schema (PFS)

No desenvolvimento das estratégias de controle de SED os eventos identificam um certo tipo de atividade que pode incluir vários outros eventos e estados organizados hierarquicamente. Isto é, estes eventos devem ser tratados como macro-eventos.

Desta forma, no caso de SED, ao invés de desenvolver num único passo a estratégia de controle do sistema em nível detalhado, é mais eficiente utilizar uma abordagem top-down onde o conceito acima citado (macro-eventos) se faz presente para tratar o sistema de forma hierárquica.

Neste contexto, o PFS ("Production Flow Schema") é a técnica desenvolvida para sistematizar e facilitar a modelagem por redes. Com base nesta idéia, diversos tipos de recursos e mecanismos de controle de fluxos são adicionados, para que o conteúdo de um modelo PFS seja convertido num MFG interpretado.

Por exemplo, na tentativa inicial de modelagem de um sistema real, considera-se a divisão do sistema em um pequeno número de partes discretas, pois a identificação destas partes deve facilitar a compreensão do sistema. A Figura 5.1 ilustra um esboço de uma divisão inicial de um sistema produtivo em série. Este sistema consiste basicamente de 2 unidades produtivas conectadas por um magazine. As unidades produtivas não estão diretamente conectados, mas sim através do magazine.

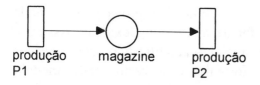

Figura 5.1 Estrutura grosseira de um sistema produtivo

A Figura 5.2 ilustra a estrutura inicial de um sistema que consiste de unidades produtivas que competem pela mesma ferramenta. Ambas as representações são consistituídos de círculos, retângulos e arcos orientados. Deve ser lembrado que o que são representados por círculos, retângulos ou arcos não é um acaso arbitrário. Os círculos designam componentes passivos do sistema e os retângulos os componentes ativos. Os arcos orientados designam as relações entre os componentes do sistema.

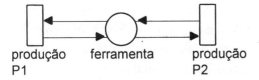

Figura 5.2 Estrutura grosseira de um sistema constituído de unidades produtivas que competem pela mesma ferramenta

5.1.1 Elementos estruturais

Conforme os exemplos anteriores indicam, um SED pode ser caracterizado com base no fluxo de ítens ("coisas") e desta forma, qualquer processo produtivo pode ser decomposto em três elementos básicos:

- *Elementos (ativos) correspondentes a atividades* (chamados aqui de *atividades*, vide Figura 5.3);

- *Elementos (passivos) correspondentes a distribuições* (chamados aqui de *distribuidores*, vide Figura 5.4);

- *Arcos*, que representam as relações entre os elementos anteriores.

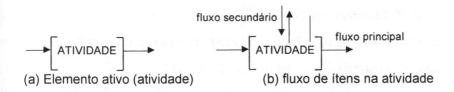

Figura 5.3 Atividade no PFS

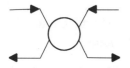

Figura 5.4 Elemento distribuidor no PFS

Uma atividade corresponde a um macro-evento que representa a realização de certas unidades (ou conjuntos) de operações como processamento, montagem, desmontagem, etc.

Os arcos indicam a direção do fluxo. Arcos conectados na parte externa da atividade (representada entre "[" e "]") indicam o fluxo principal, e os arcos conectados na parte interna da atividade indicam o fluxo secundário.

Um distribuidor corresponde a um lugar onde ítens entram e saem. Entre a entrada e a saída, os ítens ficam temporariamente alojados. Assim, distribuidores possuem uma característica muito semelhante ao box capacidade.

O diagrama resultante da representação do fluxo de ítens em um processo produtivo, composto pelos elementos acima descritos, é chamado de "Production Flow Schema" (ou simplesmente PFS). Note que neste caso, não existe o conceito de marcas, marcações e sua dinâmica.

As interpretações, isto é, as inscrições na rede simples descrições. As inscrições nos distribuidores descrevem quais ítens estão nestes elementos. Similarmente, inscrições nos arcos ou atividades indicam quando e como estas operam. As redes PFS mostram explicitamente os componentes que formam o sistema e quais relações existem entre cada um destes.

5.1.2 Regras

Um PFS é definido com base em:

- *Distribuidores*, representados por círculos O;
- *Atividades*, representadas por um bloco delimitado por dois colchetes [ ];
- *Arcos orientados dos distribuidores às atividades* O→[];
- *Arcos orientados das atividades aos distribuidores* []→O;
- *Inscrições* em linguagem natural ou formal nos distribuidores, atividades e arcos.

Para o uso apropriado do PFS, deve-se considerar o seguinte:

- Cada distribuidor representa um componente *passivo* do sistema capaz de armazenar, permanecer em certos estados e tornar visíveis os ítens;
- Cada atividade representa um componente *ativo* do sistema que é responsável pela produção, transporte e modificação dos ítens;

CAPÍTULO 5 - DESENVOLVIMENTO DO CONTROLE POR REDES   119

- Arcos orientados indicam uma conexão lógica, proximidade física, direitos de acesso e conexões diretas. Um arco nunca representa um componente real do sistema, mas, uma *relação lógica, abstrata* entre os componentes.

5.1.3 Exemplo

Como exemplo, apresenta-se os passos iniciais no processo de síntese de um sistema produtivo como descrito anteriormente. A Figura 5.5 ilustra uma linha de processamento de material composta de

- 1 máquina de processamento;
- 2 esteiras; e
- 2 robôs.

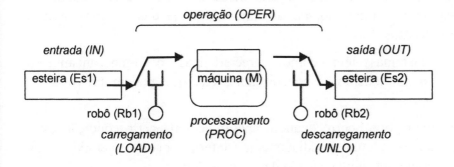

Figura 5.5 Exemplo de um SED

O correspondente PFS está apresentado na Figura 5.6.

[IN]→○→[OPER]→○→[OUT]

Figura 5.6 PFS do sistema da Figura 5.5

Uma comparação superficial indicaria apenas a substituição do símbolo da transição das Redes de Petri pelo elemento de atividade do PFS mais a descrição explícita do seu conteúdo. Porém, é exatamente este conceito de representação do conteúdo que é explorado na interpretação gradual dos grafos para a representação

120 Controle Programável - Fundamentos do controle de SED

dos níveis inferiores da atividade, tornando possível assim a descrição estruturada do sistema.

5.2 MARK FLOW GRAPH (MFG)

5.2.1 Propriedades a serem consideradas

No nível de implementação dos comandos num sistema de controle de SED, um certo estágio de controle que está em execução indica uma "condição" que é interromp dà por "eventos" (a rigor, "eventos primitivos"), que são os delimitadores destes estágios (condições). Baseado nestas características, os sistemas de controle de SED podem ser considerados sistemas evento-condição, que são sistemas cujo comportamento dinâmico depende das relações mútuas entre condições e eventos.

Neste caso os sistemas têm como características o assincronismo, a seqüencialização, o paralelismo, a concorrência, etc. que podem provocar os seguintes fenômenos:

- Colisão: fenômeno que ocorre quando, apesar de uma certa condição estar sendo mantida, o evento imediatamente anterior ocorre, gerando uma informação redundante sobre o estado desta condição;

- "Deadlock": fenômeno que ocorre quando, eventos e condições se combinam de forma que novos eventos não possam mais ocorrer, isto é, a operação do sistema fica travada.

Além disso, como as características próprias do controlador, do objeto de controle e das inter-relações entre eles também devem ser consideradas, é necessário que o modelo utilizado no projeto e análise destes sistemas possua as seguintes propriedades e funções:

- Não permita a ocorrência de colisões (isto é, seja livre de contacto) e com a garantia de que o sistema seja "safe" (isto é, sempre existirá ao menos um evento que pode ocorrer);

- Tenha capacidade de enviar sinais de estado do modelo para os dispositivos externos;

CAPÍTULO 5 - DESENVOLVIMENTO DO CONTROLE POR REDES 121

- Tenha capacidade de receber sinais gerados pelos dispositivos externos, e com base nestes sinais, controlar a ocorrência dos eventos no modelo.

O Mark Flow Graph (MFG), que é apresentado a seguir, é um grafo derivado da rede de Petri onde as funções de entrada e saída, a propriedade de "safeness", livre de contacto, etc. são devidamente consideradas, visando a modelagem e o controle dos SED de modo mais simples e eficaz.

5.2.2 Elementos estruturais

O MFG é composto pelos seguintes elementos estruturais:

- *Box*: indica uma condição e é representado por um bloco quadrado (vide Figura 5.7a).

- *Transição*: indica um evento e é representado por uma barra vertical (vide Figura 5.7b).

- *Arco orientado*: conecta boxes e transições para indicar a relação entre ·uma condição e os pré e pós-eventos que o definem. É representado por uma seta (vide Figura 5.7c). Arcos de saída são os arcos que saem de um box ou transição, isto é, estão conectados no lado de saída destes elementos; arcos de entrada são os arcos que entram em um box ou transição, isto é, estão conectados no lado de entrada destes elementos.

- *Marca*: indica a manutenção de uma condição e é representada por um ponto negro no interior do box correspondente a esta condição (vide Figura 5.7d).

- *Porta* (arco de disparo, gate): habilita ou inibe a ocorrência dos eventos correspondentes às transições sendo denominada porta habilitadora ou porta inibidora, conforme sua natureza. Estas, por sua vez, podem ser sub-classificadas em porta externa ou porta interna de acordo com a origem do sinal. A porta habilitadora (vide Figura 5.7e) é uma porta que possui um círculo negro na extremidade conectada à transição. Quando o sinal de origem for "1", esta porta habilita a transição em que está conectada, compondo um AND lógico com as outras condições que determinam a ocorrência do evento correspondente. A porta inibidora (vide Figura 5.7f) é uma porta que possui um círculo branco na extremidade conectada à transição. Quando o sinal de origem for "1", esta porta inibe a transição em que está conectada, compondo um OR lógico com as outras condições que determinam a ocorrência do evento correspondente. A origem do sinal de uma porta interna é um box.

Quando existir marcas no box, o sinal é "1"; quando não existir marcas é "0". A origem do sinal de uma porta externa não faz parte do grafo, ou seja, ela indica a entrada de um sinal binário gerado por algum dispositivo externo.

- *Arco de sinal de saída*: este arco envia um sinal binário do box para os dispositivos externos do grafo e é representado por uma linha que conecta estes dois elementos (vide Figura 5.7g). Quando houver uma marca neste box, o sinal é "1"; quando não houver, é "0".

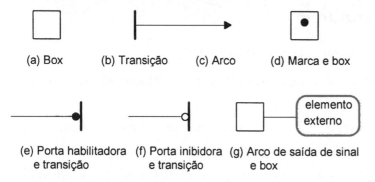

Figura 5.7 Elementos básicos do MFG

Os boxes e as transições são necessariamente conectados de forma intercalada através dos arcos orientados.

Não existe limite para o número de arcos que entram ou saem dos boxes e das transições. Mas, num par transição-box ou num par transição-origem do sinal externo, pode existir no máximo apenas 1 arco entre estes elementos (vide Figura 5.8).

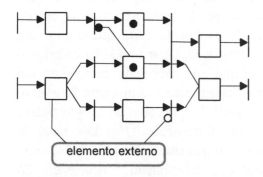

Figura 5.8 Exemplo de um MFG

CAPÍTULO 5 - DESENVOLVIMENTO DO CONTROLE POR REDES   *123*

As portas e arcos de sinal de saída são formas de representação explícita das condições de controle.

5.2.3 Marcação e seu comportamento dinâmico

• Marcação

O estado de um sistema pode ser representado pelo arranjo das marcas no grafo. Um arranjo das marcas define uma marcação. A marcação inicial é definida pelo arranjo no estado inicial.

Na marcação inicial, no máximo, apenas 1 marca pode estar no interior de cada box. Se a marcação inicial não contiver nenhuma marca, ela é denominada "marcação inicial-0".

O comportamento dinâmico do sistema é representado pela alteração dos estados causada pela ocorrência de eventos. Para que isto seja representado no MFG, definem-se a seguir as regras de disparo de transições que correspondem à ocorrência de eventos.

• Habilitação de Disparo

Uma transição está habilitada para disparo se as seguintes condições são todas satisfeitas:

• Não existe box no lado de saídas com marcas,

• Não existe box no lado de entrada sem marcas,

• Não existe arco habilitador interno que esteja no estado de desabilitação,

• Não existe arco inibidor interno que esteja no estado de inibição.

Uma transição que está habilitada para disparo é chamada de "transição habilitada". Uma transição que não satisfaz uma dessas condições não está habilitada, e é denominada "transição desabilitada".

• Disparo

Uma transição é denominada "disparável" se ela é uma transição habilitada e não possui:

- Nenhuma porta habilitadora externa no estado de desabilitação, e também,
- Nenhuma porta inibidora externa no estado de inibição.

Se uma transição é disparável, ela dispara imediatamente, com exceção de certos casos que envolvem *conflito* e atrasos de tempo que serão discutidos posteriormente.

No disparo, as marcas no interior de todos os boxes no lado de entrada das transições disparáveis desaparecerem e, imediatamente, surgem marcas no interior de todos os boxes no lado de saída. Isto é, considera-se que o disparo ocorre num intervalo de tempo infinitamente pequeno. Na Figura 5.9, um exemplo de disparo é ilustrado.

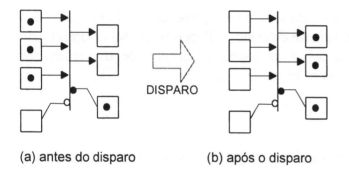

(a) antes do disparo   (b) após o disparo

Figura 5.9 Disparo de uma transição

Desta forma, é impossível que mais de uma transição seja disparada simultaneamente, isto é, no MFG os disparos são discretos no tempo, existindo uma relação de precedência entre eles. Esta ordem de precedência é denominada seqüência de disparo e a ordenação está baseada nesta seqüência temporal.

- Safeness

Com relação à marcação inicial, não é admitido que mais de uma marca seja colocada no interior de um box. Além disso, pelas condições de habilitação de disparo e pelas regras de disparo, é impossível que surjam novas marcas nos boxes que já estão marcados. Com isto, após qualquer seqüência de disparo, existe no máximo apenas uma marca no interior de

CAPÍTULO 5 - DESENVOLVIMENTO DO CONTROLE POR REDES 125

cada box. Desta forma, o MFG é essencialmente "safe" e, além disso, os sistemas representados por ele não apresentam situações de contacto.

5.2.4 Descrição matemática

A seguir serão apresentadas as definições formais do MFG e da dinâmica das marcações.

- Mark Flow Graph

    O Mark Flow Graph é um grafo bipartido direcionado, representado por uma sêxtupla:

    $$MFG = (\mathbf{B}, \mathbf{T}, \mathbf{A}, \mathbf{G}_I, \mathbf{G}_E, \mathbf{S})$$

    onde,

    $\mathbf{B} = \{B_1, \cdots, B_i\}$ com $(i \geq 1)$ é um conjunto de boxes;

    $\mathbf{T} = \{T_1, \cdots, T_j\}$ com $(j \geq 1)$ é um conjunto de transições;

    $\mathbf{A} = \mathbf{A}_I \mathbf{U} \mathbf{A}_O$ é um conjunto de arcos orientados onde,

    $\mathbf{A}_I = \{A_{I1}, \cdots, A_{Ik}\}$ com $(k \geq 0)$ é um conjunto de arcos de entrada para transições, e

    $\mathbf{A}_O = \{A_{O1}, \cdots, A_{Ol}\}$ com $(l \geq 0)$ é um conjunto de arcos de saída de transições;

    $\mathbf{G}_I = \{G_{I1}, \cdots, G_{Im}\}$ com $(m \geq 0)$ é um conjunto de portas internas;

    $\mathbf{G}_E = \{G_{E1}, \cdots, G_{En}\}$ com $(n \geq 0)$ é um conjunto de portas externas; e

    $\mathbf{S} = \{S_1, \cdots, S_p\}$ com $(p \geq 0)$ é um conjunto de arcos de sinais de saída.

    Além disso, assumindo que $C(x)$ seja uma relação de conexão (y,z) do arco x que sai do nó y e vai para o nó z; e que todo o conjunto $\{(u_i, v_j)\}$ com $i = 1, \cdots, m$ e $j = 1, \cdots, n$ de pares ordenados (u_i, v_j) seja obtido através do produto escalar $\mathbf{U} \times \mathbf{V}$ do conjunto $\mathbf{U} = \{u_i\}$ com $i = 1, \cdots, m$ com o conjunto $\mathbf{V} = \{v_j\}$ com $j = 1, \cdots, n$, temos:

$$\mathbf{A'}_I = \{C(A_{Iq}) \mid q = 1, \cdots, k\} \subseteq \mathbf{B} \times \mathbf{T}$$

$$\mathbf{A'}_O = \{C(A_{Or}) \mid r = 1, \cdots, l\} \subseteq \mathbf{T} \times \mathbf{B}$$

$$\mathbf{G'}_I = \{C(G_{Iu}) \mid u = 1, \cdots, m\} \subseteq \mathbf{B} \times \mathbf{T}$$

$$\mathbf{G'}_E = \{C(G_{Ev}) \mid v = 1, \cdots, n\} \subseteq \mathbf{D} \times \mathbf{T}$$

$$\mathbf{S'} = \{C(S_w) \mid w = 1, \cdots, p\} \subseteq \mathbf{B} \times \mathbf{M}$$

onde, $\mathbf{D}$ é um conjunto das fontes de sinais externos e, $\mathbf{M}$ é um conjunto dos dispositivos externos. Enquanto os elementos de $\mathbf{A}_I$, $\mathbf{A}_O$, $\mathbf{G}_I$, $\mathbf{G}_E$, $\mathbf{S}$ significam apenas os arcos propriamente ditos, os elementos de $\mathbf{A'}_I$, $\mathbf{A'}_O$, $\mathbf{G'}_I$, $\mathbf{G'}_E$, $\mathbf{S'}$ são pares ordenados que representam as relações de conexões de entrada e saída dos arcos.

Neste caso, para $\mathbf{X}=\{(a,b)\}$, temos $\mathbf{X}^{-1}=\{(b,a)\}$ e, baseado nas estruturas dos arcos descritas anteriormente, temos:

$$\mathbf{A'}_I \mid \mathbf{A'}_O^{-1} = \mathbf{A'}_I \mid \mathbf{G'}_I = \mathbf{A'}_O^{-1} \mid \mathbf{G'}_I = \varnothing$$

A marcação μ é uma função $\mu: \mathbf{B} \longrightarrow \{0,1\}$, e a marcação inicial é indicada por μ_0.

- Disparo da transição e dinâmica da marcação

    - Adotando b_i como a variável lógica que indica a existência ou não de marca no box B_i, isto é:

        $b_i=0$ quando não existe marca em B_i, e

        $b_i=1$ quando existe marca em B_i.

    - Adotando t_i como a variável lógica que indica se a transição T_j está ou não habilitada para disparo, isto é:

        $t_j=0$ quando T_j não está habilitada, e

        $t_j=1$ quando T_j está habilitada.

    - Adotando g_t como a variável lógica que representa um sinal através da porta G_t.

    - Supondo que uma certa transição T_j possui M boxes no lado de entrada e N boxes no lado de saída conectados através de arcos orientados, além de Q portas habilitadoras internas, R portas inibidoras internas, U portas habilitadoras externas e V portas inibidoras externas (vide Figura 5.10).

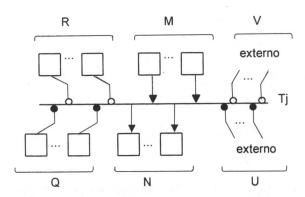

Figura 5.10 Transição com os arcos e portas

- E que para a transição T_j:

  b^I_{jm} *(com m=1...M)* é a variável do box de entrada,

  b^O_{jn} *(com n=1...N)* é a variável do box de saída,

  g^{IP}_{jq} *(com q=1...Q)* é a variável do sinal da porta habilitadora interna,

  g^{II}_{jr} *(com r=1...R)* é variável do sinal da porta inibidora interna,

  g^{EP}_{ju} *(com u=1...U)* é a variável do sinal da porta habilitadora externa,

  g^{EI}_{jv} *(com v=1...V)* é a variável do sinal da porta inibidora externa,

  k é o número da seqüência temporal,

  $\wedge$ é o AND lógico das variáveis lógicas,

  $\vee$ é o OR lógico das variáveis lógicas,

  $$\bigcap_{i=1}^{m} a_i = a_1 \wedge a_2 \wedge \cdots \wedge a_m \qquad \bigcup_{i=1}^{m} a_i = a_1 \vee a_2 \vee \cdots \vee a_m$$

então, a equação da condição de habilitação de disparo e a equação do disparo são definidas por:

$$t_j(k) = \bigcap_{m=1}^{M} b_{jm}^I(k) \wedge \bigcap_{n=1}^{N} \overline{b_{jn}^O}(k) \wedge \bigcap_{q=1}^{Q} g_{jq}^{IP}(k) \wedge \bigcap_{r=1}^{R} \overline{g_{jr}^{II}}(k) \tag{5.1}$$

$$g_j^E(k) = \bigcap_{u=1}^{U} g_{ju}^{EP}(k) \wedge \bigcap_{v=1}^{V} \overline{g_{jv}^{EI}}(k) \tag{5.2}$$

As equações para eliminar ou gerar marcas através de disparos são definidas por:

$$\begin{cases} b_{jm}^I(k+1) = b_{jm}^I(k) \wedge \overline{[t_j(k) \wedge g_j^E(k)]} & \text{com} \quad m = 1, \cdots, M \\ b_{jn}^O(k+1) = b_{jn}^O(k) \vee [t_j(k) \wedge g_j^E(k)] & \text{com} \quad n = 1, \cdots, N \end{cases} \tag{5.3}$$

Desta forma, se considerarmos apenas a contribuição dos boxes de entrada e de saída para a condição de habilitação de disparo da transição, temos através da equação (5.1) a seguinte relação:

$$t'_j(k) = \bigcap_{m=1}^{M} b_{jm}^I(k) \wedge \bigcap_{n=1}^{N} \overline{b_{jn}^O}(k) \tag{5.4}$$

As descrições acima foram baseadas em equações lógicas mas, o MFG também pode ser descrito através de matrizes.

5.2.5 Características estruturais do grafo

- Fonte e sorvedouro

   O conjunto de boxes de entrada e o conjunto de boxes de saída de uma transição T_j no MFG são representados por $\bullet T_j$ e $T_j \bullet$, respectivamente.

   O conjunto de transições de entrada e o conjunto de transições de saída de um box B_i no MFG são representados por $\bullet B_i$ e $B_i \bullet$ respectivamente.

   Assim,

   - Se $\bullet T_j = \varnothing$, então T_j é uma transição-fonte.

   - Se $\bullet B_i = \varnothing$, então B_i é um box-fonte.

   De forma geral, estes elementos são denominados "fontes".

   - Se $T_j^\bullet = \varnothing$, então T_j é uma transição-sorvedoura.

   - Se $B_i^\bullet = \varnothing$, então B_i é um box-sorvedouro.

De forma geral, estes elementos são denominados "sorvedouros".
A Figura 5.11 ilustra um exemplo das fontes e sorvedouros.

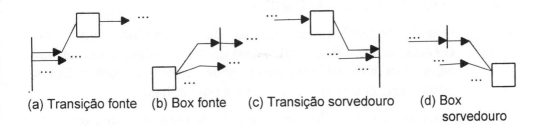

(a) Transição fonte   (b) Box fonte   (c) Transição sorvedouro   (d) Box sorvedouro

Figura 5.11 Fontes e sorvedouros

- Relações de concorrência e box-conflito

    Se as transições T_j, T_k, ... , T_l possuirem a relação $^\bullet T_j \cap {^\bullet T_k} \cap \cdots \cap {^\bullet T_l} \neq \varnothing$, ou se as transições T_u, T_v, ... , T_w possuirem a relação $T_u^\bullet \cap T_v^\bullet \cap \cdots \cap T_w^\bullet \neq \varnothing$, então estas transições estão mutuamente numa relação de concorrência.

    Considerando que o número de elementos do conjunto S é representado por $card(S)$, denomina-se box-conflito o box que satisfaz a condição $card(B_i^\bullet) > 1$ ou $card(^\bullet B_i) > 1$.

    Quando a relação de concorrência estiver no lado de entrada do box-conflito, temos um box-conflito de entrada, e quando estiver no lado de saída temos um box-conflito de saída (vide Figura 5.12).

(a) Box conflito de entrada   (b) Box conflito de saída

Figura 5.12 Exemplos de boxes conflito

Num certo instante, se mais de uma das transições que estão em relação de concorrência forem disparáveis, estas transições entram em conflito, caracterizando a seguinte situação:

- Teorema 5.1 - Teorema do Conflito

    Quando transições em relação de concorrência que estão conectados num box-conflito entram em conflito, somente uma delas (escolhida arbitrariamente) pode disparar e, com o disparo desta, todas as outras transições ficam desabilitadas.

Desta forma, os boxes-conflito têm a função de realizar a separação ou a confluência do fluxo das marcas (vide Figura 5.13).

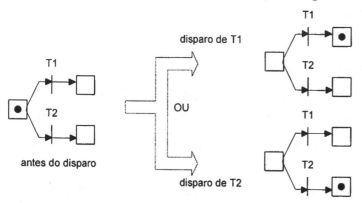

Figura 5.13 Teorema do conflito

- Path-Mark Flow Graph

    MFG que não possui "loops" (circuitos orientados) é denominado Path-Mark Flow Graph (P-MFG) (vide Figura 5.14). No P-MFG existem "paths" (caminhos) orientados da fonte para o sorvedouro. Estes "paths" são compostos por boxes e transições que podem ser classificados segundo suas posições relativas à fonte e ao sorvedouro.

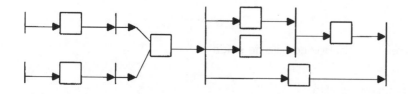

Figura 5.14 Exemplo de um Path-MFG

- Teorema 5.2 - Teorema da Reversão

    Mesmo que se inverta o sentido de todos os arcos orientados conectados a um box, se o estado da marca (existência ou não) no interior deste box e a lógica de habilitação/inibição dos arcos de sinal (porta, arco de saída) que saem deste box também forem invertidos, a condição de habilitação de disparo das transições conectadas a este box não é alterada, isto é, permanece a mesma condição anterior à reversão.

Aplicando este teorema, pode-se estabelecer arbitrariamente o sentido da transmissão de informações de controle e, mesmo que originalmente existam boxes com marcas na marcação inicial, pode-se obter uma marcação inicial-0 através da reversão dos boxes com marcas. A Figura 5.15 ilustra um exemplo.

Figura 5.15 Teorema da reversão

- Teorema 5.3

    Um MFG que não possui box-conflito pode sempre ser convertido em P-MFG.

5.2.6 "Deadlock" no MFG

- "Deadlock" e "liveness"

    No MFG, após a ocorrência de uma seqüência de disparos de transições a partir de uma certa marcação inicial, pode-se atingir um estado onde nenhuma transição esteja habilitada para disparo. Este fenômeno é denominado "deadlock" e, quando ocorre, o MFG está "dead" (morto). Por outro lado, o MFG que não entra em "deadlock" é denominado "live" (vivo).

132   *Controle Programável - Fundamentos do controle de SED*

Com relação à natureza do "deadlock" no MFG, pode-se identificar dois grupos:

- "Deadlock" condicional é caracterizado quando este fenômeno ocorre devido a uma marcação inicial inadequada, isto é, o mesmo MFG com uma marcação inicial adequada pode ser "live".

- "Deadlock" estrutural é caracterizado quando, independentemente da marcação inicial, o grafo não é "live" devido à sua própria estrutura.

Um MFG que possui estrutura equivalente a uma rede de Petri "unbounded" (não limitada), onde os lugares são substituídos por boxes, apresenta o "deadlock" estrutural. Isto é, na rede de Petri "unbounded", não existe limite para o número total de marcas em cada "lugar", mas, no MFG onde o box corresponde a um "lugar" com capacidade máxima de 1 marca, o número total de marcas é limitado pelo número de boxes, ou seja, não é possível que os disparos aumentem indefinidamente o número de marcas.

- Características relacionadas ao "deadlock"

    As características apresentadas a seguir se restringem ao "deadlock" para MFGs que não possuem boxes-conflito, portas internas e inter-relações com dispositivos externos.

    - Teorema 5.4

        Qualquer P-MFG com marcação inicial-0 sem boxes-conflito e portas inibidoras é "live" (condição suficiente para um MFG ser "live").

    Desta forma, nos MFGs com as restrições acima citadas, ao se fazer sua transformação para P-MFG através da aplicação do teorema da reversão, pode-se torná-lo "live" desde que seja possível especificar uma marcação inicial que seja marcação inicial-0.

    - Teorema 5.5

        Num MFG que não possui boxes-conflito, boxes-fonte, boxes-sorvedouro e portas, a condição necessária e suficiente para que ele possa entrar em "deadlock" é que, após transformar o MFG original num grafo com marcação inicial-0, através da aplicação do teorema da reversão em todos os boxes com marcas, exista ainda algum circuito orientado.

5.2.7 MFG e o controle de sistemas

O MFG é um grafo "safe" e que, eliminando-se as portas inibidoras, corresponde a uma rede de Petri Condição/Evento. Deste modo, o MFG "herda" a capacidade de análise e modelagem que a rede de Petri possui.

Além disso, o MFG possui as seguintes características:

- O "safeness" no controle de SED é uma característica indispensável e, através da aplicação do MFG, as condições que garantem o "safeness" são intrinsecamente consideradas durante o projeto e análise do sistema.

- No MFG, existe, no máximo, apenas uma marca no interior de cada box, e com isto o modelo pode ser tratado por uma lógica binária (0 ou 1). O MFG convertido para esta lógica binária pode ser diretamente utilizado para programar CP, ou através de uma interpretação adequada para programar sistemas mais complexos.

- O controle de SED evolui conforme a troca de sinais entre o controlador e o objeto de controle, isto é, o controlador envia sinais para os dispositivos que fazem com que uma tarefa seja realizada e, ao receber o sinal de confirmação do término da tarefa gerado pelos dispositivos, passa para a etapa seguinte de controle.

No MFG, as tarefas são descritas pelos boxes que enviam sinais de estado, o início e término das tarefas são descritas pelas transições e, através da introdução de portas nas transições, os sinais dos dispositivos externos também são descritos consistentemente. Desta forma, o MFG pode representar adequadamente não só o sistema de controle de SED mas também as interconexões entre o controlador e o objeto de controle.

5.2.8 Introdução do conceito de tempo

Nos conceitos de manutenção de estados e ocorrência de eventos até agora apresentados, o tempo não foi considerado. No entanto, em sistemas reais, ele é um elemento muito importante que não pode ser omitido. Assim, os seguintes elementos são introduzidos.

- *Box temporizado*: quando uma marca aparece neste tipo de box, a transição conectada em sua saída fica disparável somente após decorrido um intervalo de tempo (τ_B) (vide Figura 5.16a).

- *Transição temporizada*: uma vez que todas as condições de disparo estejam satisfeitas, esta transição só dispara após decorrido um intervalo de tempo (τ_T) (vide Figura 5.16b). Se durante este tempo, uma das condições deixa de ser satisfeita, a contagem do tempo é anulada. Será reiniciada somente após todas as condições estarem novamente satisfeitas.

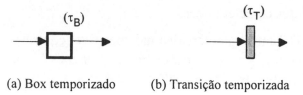

(a) Box temporizado   (b) Transição temporizada

Figura 5.16 MFG com conceito de tempo

5.2.9 Modularização do MFG

Através do MFG, podemos representar qualquer tipo de SED. No entanto, esta representação é apropriada apenas para níveis inferiores de detalhamento, que também pode ser chamado de nível de linguagem de máquina, numa analogia às linguagens computacionais. Com isto, a representação de sistemas de grande porte e a compreensão de seu conteúdo tornam-se tarefas estafantes.

Uma das alternativas é a modularização do MFG. No modelo original, boxes podem aceitar no máximo uma marca. Porém, os casos práticos indicam que a capacidade de alojar mais de uma marca é bastante efetiva para representar sistemas como estoques e magazines. Isto é possível com o emprego de alguns módulos básicos, isto é, macro-boxes com capacidade de manipular várias marcas de uma só vez (sub-grafos com elementos MFG originalmente definidos). Estes módulos se encontram esquematizados na Tabela 5.1 e na Tabela 5.2.

O *box capacidade* tem um símbolo N associado que indica a sua capacidade de aceitar N marcas (isto é, N ítens). O *box agrupador* tem uma função similar a de uma montagem, onde N marcas entram (ou seja, N ítens entram para serem montados) e apenas uma sai (um item sai). O *box dispersor* tem uma função similar a de uma desmontagem, onde uma marca entra (um item entra) e N marcas saem (N ítens são desmontados).

Tabela 5.1 Macro elementos (módulos padrões) do MFG

	Box capacidade	Box agrupador	Box dispersor
símbolo: N = capacidade total das marcas n = número de marcas presente			
condição necessária para disparo de t1	$n < N$	$n < N$	$n = 0$
condição necessária para o disparo de t2	$n > 0$	$n = N$	$n > 0$
resultado do disparo de t1	n(depois) = n(antes)+1	n(depois) = n(antes)+1	n(depois) = N
resultado do disparo de t2	n(depois) = n(antes)-1	n(depois) = 0	n(depois) = n(antes)-1

Tabela 5.2 Portas dos macro elementos do MFG

	Box capacidade	Box agrupador	Box dispersor
símbolo: N = capacidade total das marcas n = número de marcas presente			
porta habilitadora indicado por n		habilita quando $n > 0$	
porta habilitadora indicado por N		habilita quando $n = N$	
porta inibidora indicado por n		inibe quando $n > 0$	
porta inibidora indicado por N		inibe quando $n = N$	

5.3 Metodologia PFS/MFG

A metodologia PFS/MFG está baseada no procedimento de refinamento gradativo do PFS substituindo uma atividade ou um distribuidor por uma rede (PFS ou MFG). O resultado deste processo deve, logicamente, ser uma rede também. Uma conexão entre o componente da nova rede e o ambiente (condições de contorno) da rede original somente pode existir se esta conexão estava potencialmente indicada na rede original, isto é, deve existir um arco correspondente para o mesmo elemento do ambiente na rede original.

Um refinamento terá sido executado corretamente se a interpretação das sub-redes que substituem distribuidores ou atividades resultar na rede original. Isto é:

Num PFS denominado de A, um distribuidor p é *refinado* pela rede B se B pode substituir o distribuidor p tal que para qualquer arco $x \rightarrow y$ de B para A' (ou $x \leftarrow y$ de A para B) onde, A' é o PFS A sem o distribuidor p, vale:

- x é um lugar de B e y é uma atividade de A';

- em A' existe um arco $p \rightarrow y$ (ou $p \leftarrow y$).

Num PFS denominado de A, uma atividade t é *refinada* por uma rede B se B pode substituir a atividade t tal que qualquer arco $x \rightarrow y$ de B para A' (ou $x \leftarrow y$ de A' para B) onde, A' é a rede A sem a atividade t, vale:

- x é uma atividade de B e y é um distribuidor de A';

- em A existe um arco $t \rightarrow y$ (ou $t \leftarrow y$).

Uma rede B é o *refinamento* de um PFS denominado de A se B é o resultado do refinamento de diversos distribuidores e atividades de A.

Baseado no conceito de refinamentos sucessivos acima mencionado e de um tratamento sistematizado para o projeto de sistemas de controle, apresenta-se a seguir as etapas para a construção do modelo detalhado (MFG) a partir do modelo conceitual (PFS) das estratégia de controle especificada para o SED.

5.3.1 Representação em MFG da atividade e do distribuidor

De forma geral, uma atividade é representada em MFG por um box que possui uma transição de entrada "[" (que corresponde ao início da atividade) e uma transição de saída "]" (que corresponde ao fim da atividade).

O conteúdo desta atividade pode ser representado por outros fluxos paralelos e de nível inferior, compostos de outras atividades e alguns distribuidores (Figura 5.17). Com esta forma de interpretação das transições, a atividade correspondente ao box fica fácil de ser identificada.

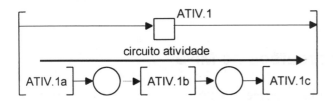

Figura 5.17 Níveis hierárquicos de uma atividade em PFS junto com elementos MFG

Existem basicamente quatro tipos de atividade em correspondência com os tipos de boxes apresentados na Tabela 5.1.

- *Atividade unitária* (Figura 5.18a): Neste elemento apenas uma atividade pode estar no estado de execução.

- *Atividades de início e fim aleatórios* (Figura 5.18b): Neste elemento até N atividades podem coexistir no estado de execução simultaneamente. Estas atividades possuem um mesmo evento inicial e um mesmo evento final, correspondentes ao início e o fim de todas as atividades.

- *Atividades de início simultâneo* (Figura 5.18c): Neste elemento, através de um mesmo evento inicial, N atividades entram simultaneamente no estado de execução que, por sua vez, são finalizadas, uma a uma, por um mesmo evento final.

- *Atividades de fim simultâneo* (Figura 5.18d): Neste elemento, através de um mesmo evento inicial, N atividades entram, uma a uma, no estado de execução que, por sua vez, são finalizadas simultaneamente por um mesmo evento final.

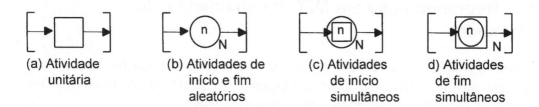

(a) Atividade unitária   (b) Atividades de início e fim aleatórios   (c) Atividades de início simultâneos   (d) Atividades de fim simultâneos

Figura 5.18 Tipos de atividade e suas representações em MFG

Em relação aos elementos distribuidores, conforme foi mencionado anteriormente, eles podem ser substituídos por boxes de capacidade 1 ou N, em função da capacidade do distribuidor.

5.3.2 Representação de recursos no MFG

O início da execução de uma atividade define a ocupação de recursos do sistema (por exemplo, máquinas, dispositivos, ferramentas, etc). No PFS um tipo de recurso pode ser representado por um elemento distribuidor, isto é, um box no MFG com um certo número de marcas correspondentes ao número de recursos disponíveis.

O box que representa um recurso é conectado a atividades, para possibilitar a sincronização entre recursos e atividades. Por exemplo, a Figura 5.19a representa um recurso necessário para duas atividades em série, e a Figura 5.19b representa um recurso compartilhado por várias atividades em paralelo.

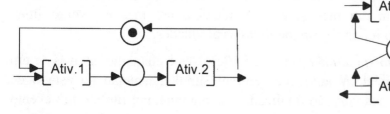

(a) Recurso compartilhado por atividades em série

(b) Recurso compartilhado por atividades em paralelo

Figura 5.19 Representação de recursos

5.3.3 Nível da atividade e sua representação por MFG

Certamente, não é sempre clara a distinção entre os níveis hierárquicos de uma atividade. Apesar disso, identificamos aqui os níveis mais representativos.

- *Nível de tarefas*: engloba atividades onde um valor é acrescido ao processo produtivo.

- *Nível de operações*: atividades correspondentes à operações de máquina, dispositivo, etc. cujos significados são claros.

- *Nível de ações*: atividades correspondentes a ações e movimentos físicos simples.

Desta forma, uma atividade no nível de tarefas contém atividades ao nível de operações. Estas, por sua vez, possuem atividades ao nível de ações. Obviamente, se outros sub-níveis são necessários, estes podem ser introduzidos em cada um dos níveis acima citados.

A Figura 5.20 apresenta um modelo onde a atividade de operação (*OPER*) no sistema de produção da Figura 5.5 (PFS na Figura 5.6) é decomposto em três atividades, que são:

- Carregamento (*LOAD*);
- Processamento (*PROC*); e
- Descarregamento (*UNLO*).

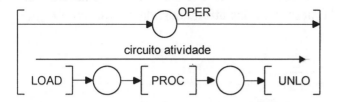

Figura 5.20 Representação do conteúdo da atividade *OPER*

No diagrama apresentado, o circuito indicado por *LOAD→PROC→UNLO*, dentro da atividade *OPER*, define o que chamamos de circuito de atividade.

O modelo do MFG que representa uma atividade deve necessariamente voltar às condições iniciais (caso inicial) quando esta atividade termina. Em outras palavras, isto garante que o sistema não entra em "deadlock". Os grafos na Figura

5.21 representam atividades que permitem respectivamente a invasão e vazamento de marcas que podem gerar deadlocks. Assim, portanto estas estruturas não devem ser admitidas.

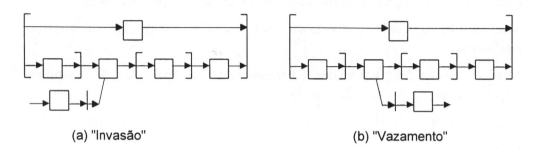

(a) "Invasão"　　　　　　　　　　　　(b) "Vazamento"

Figura 5.21 Exemplo de estruturas que não devem ser admitidas

Com este procedimento, dependendo da necessidade (nível de detalhamento adotado), pode-se formar um modelo híbrido com a combinação dos elementos do PFS com os do MFG.

5.3.4 Exemplos

A Figura 5.22 apresenta um MFG do SED descrito na Figura 5.5 e na Figura 5.6, resultante da modelagem das atividades, dos recursos do sistema (máquina de processamento, robô, esteira) e da hierarquia das atividades, de acordo com o que foi descrito acima.

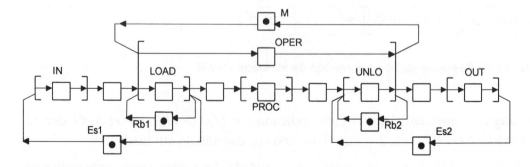

Figura 5.22 MFG do sistema da Figura 5.5

Considere agora um sistema produtivo mais complexo conforme descrito a seguir (Figura 5.23):

- O sistema processa peças. Peças tipo A passam seqüencialmente pelas máquinas M1, M4 (ou M6), M5 (ou M3) e M8. Peças tipo B passam seqüencialmente pelas máquinas M7, M6 (ou M5), M3 (ou M4) e M2.
- M1 e M7 possuem dispositivos especiais para recepção de peças (1 de cada vez). M2 e M8 possuem dispositivos especiais para despacho de peças (1 de cada vez).
- Os robôs R1 e R2 são responsáveis pelo transporte das peças entre as máquinas. Os robôs só transportam 1 peça de cada vez.
- As máquinas têm diferentes capacidades de processamento conforme indicado na tabela abaixo:

Máquina	Processamento
M1 e M8	1 peça por vez
M2	2 peças por vez
M3	3 peças por vez
M4	4 peças por vez
M5	até 2 peças
M6	até 3 peças
M7	até 4 peças

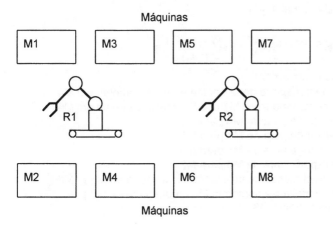

Figura 5.23 Exemplo de um sistema produtivo

- 1º Passo: Identificação dos principais fluxos de atividades

    De acordo com a metodologia MFG/PFS nota-se claramente que existem 2 fuxos de peças neste sistema que podem ser representados pelo PFS abaixo:

    ○→[PROC.A]→○   Peça tipo A

    ○→[PROC.B]→○   Peça tipo B

- 2º Passo: Detalhamento dos fluxos

    Neste caso é evidente que os elementos ativos do sistema são o processamento nas máquins e as atividades de transporte entre as máquinas realizadas pelos robôs. Os elementos passivos são assim abstraidos como os elementos que representam o estado entre estas atividades.

    O conteúdo de [PROC.A] é descrito pelo PFS abaixo:

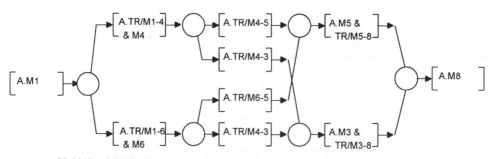

[A.M1] = Atividade de processamento em M1
[A.TR/M1-4 & M4] = Atividade de transporte de M1 p/ M4 e processamento em M4
[A.TR/M1-6 & M6] = Atividade de transporte de M1 p/ M6 e processamento em M6
[A.TR/M4-5] = Atividade de transporte para de M4 para M5
[A.TR/M4-3] = Atividade de transporte para de M4 para M3
[A.TR/M6-5] = Atividade de transporte para de M6 para M5
[A.TR/M6-3] = Atividade de transporte para de M6 para M3
[A.M5 & TR/M5-8] = Atividade de processamento em M5 e transporte de M5 p/ M8
[A.M3 & TR/M3-8] = Atividade de processamento em M3 e transporte de M3 p/ M8
[A.M8] = Atividade de processamento em M8

CAPÍTULO 5 - DESENVOLVIMENTO DO CONTROLE POR REDES   *143*

De forma análoga, o conteúdo de [PROC.B] é representado pelo PFS abaixo:

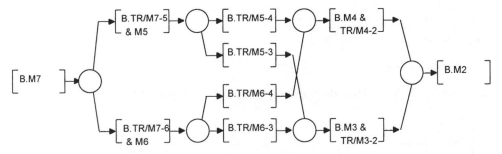

[B.M7] = Atividade de processamento em M7
[B.TR/M7-5 & M5] = Atividade de transporte de M7 p/ M5 e processamento em M5
[B.TR/M7-6 & M6] = Atividade de transporte de M7 p/ M6 e processamento em M6
[B.TR/M5-4] = Atividade de transporte para de M5 para M4
[B.TR/M5-3] = Atividade de transporte para de M5 para M3
[B.TR/M6-4] = Atividade de transporte para de M6 para M4
[B.TR/M6-3] = Atividade de transporte para de M6 para M3
[B.M4 & TR/M4-2] = Atividade de processamento em M4 e transporte de M4 p/ M2
[B.M3 & TR/M3-2] = Atividade de processamento em M3 e transporte de M3 p/ M2
[B.M2] = Atividade de processamento em M2

- 3º Passo: Detalhamento das atividades

    Passando agora para um nível maior de detalhe com a introdução de elementos MFG temos:

    [A.M1] = Atividade de processamento em M1 =

    [A.TR/M1-4 & M4] = Atividade de transporte de M1 para M4 e processamento em M4 =

    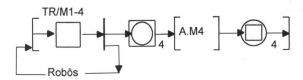

[A.TR/M1-6 & M6] = Atividade de transporte de M1 para M6 e processamento em M6 =

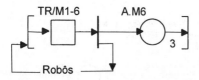

[A.TR/M4-5] = Atividade de transporte para de M4 para M5 =

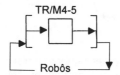

[A.TR/M4-3] = Atividade de transporte para de M4 para M3 =

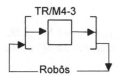

[A.TR/M6-5] = Atividade de transporte para de M6 para M5 =

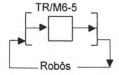

[A.TR/M6-3] = Atividade de transporte para de M6 para M3 =

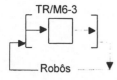

[A.M5 & TR/M5-8] = Atividade de processamento em M5 e transporte de M5 para M8 =

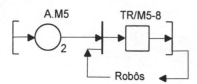

[A.M3 & TR/M3-8] = Atividade de processamento em M3 e transporte de M3 para M8 =

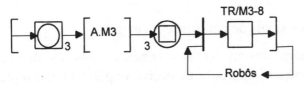

[A.M8] = Atividade de processamento em M8 =

Este procedimento de detalhamento das atividades com a introdução de elementos MFG é repetido até o nível desejado de controle. No exemplo a atividade [A.M4] e [A.M3] devem ainda ser objeto desse detalhamento.

O procedimento acima é análogo para o detalhamento das atividades da peça B.

- 4° Passo: Introdução dos elementos de controle de recursos

    Nos diagramas anteriores, as atividades de transporte são realizadas através de 2 robôs e esta relação foi indicada de maneira abreviada da seguinte forma:

    →Robôs→

    Estes arcos devem ser devidamente conectados ao elemento que controla a alocação dos robôs que é representado abaixo:

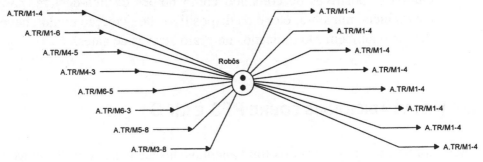

O número de marcas dentro do box "Robôs" corresponde ao número de robôs disponíveis para as atividades de transporte.

Note que estão representadas apenas as relações das atividades da peça A. Devem ser acrescentadas ainda no grafo, as relações com as atividades da peça B.

- 5º Passo: Indicação dos sinais de controle com a planta

    Todas as atividades devem ter sua conexão com os dispositivos de comando, monitoração, atuação e detecção, explicitamente representadas. A figura abaixo indica como descrever estas relações.

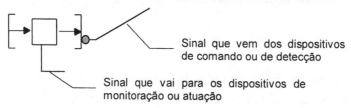

- No caso das atividades de transporte o arco de sinal de saída deve enviar comandos para os robôs executarem uma determinada tarefa. Quando esta tarefa termina, o robô deve então enviar um sinal que o grafo recebe através do gate.

- No caso das atividades de processamento o arco de sinal de saída deve enviar comandos para as máquinas executarem uma determinada tarefa. Quando esta tarefa termina, a máquina deve então enviar um sinal que o grafo recebe através do gate.

Outros dispositivos de monitoração como lâmpadas sinalizadoras e de atuação também são indicados no grafo através dos arcos de sinal de saída.

Outros dispositivos de comando como botões de liga-desliga, parada de emergência, manobra, etc. e os dispositivos de detecção como chaves fim-de-curso também são indicados no grafo através de gates.

5.4 Notas adicionais sobre PFS e MFG

Foram apresentados os conceitos fundamentais das técnicas do PFS, do MFG e da metodologia de desenvolvimento de modelos PFS/MFG para SED. Através desta técnica obtém-se uma descrição no nível mais adequado para a interpretação como o SFC padronizado pelo IEC (vide Apêndice). De fato, a extensão da aplicação da metodologia PFS/MFG desenvolvida prevê a conversão automática e simples do grafo MFG para a descrição em SFC dos procedimentos de controle no nível dos programas de CP.

Entretanto, conforme apresentado no Capítulo anterior, o potencial das redes de Petri e suas variações podem ainda ser melhor exploradas. Neste sentido, e considerando ainda sua aplicabilidade em SED, as técnicas de controle baseadas em redes ainda estão sendo desenvolvidos.

148   *Controle Programável - Fundamentos do controle de SED*

6. METODOLOGIA DE PROJETO DE SISTEMAS DE CONTROLE

Nos sistemas de controle de SED também se pode considerar o conceito de "ciclo de vida". Assim o projeto e desenvolvimento de um sistema de controle pode ser dividido nas etapas ilustradas na Figura 6.1.

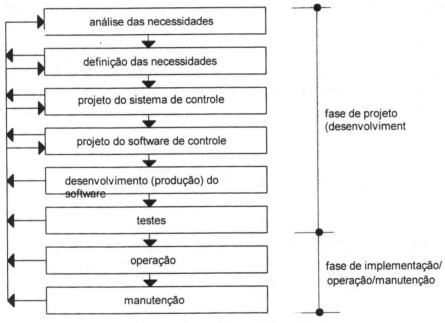

Figura 6.1 Ciclo de vida do sistema de controle

Sistematização, neste contexto, está relacionada à definição concreta das tarefas em cada etapa de desenvolvimento e especificação dos parâmetros de avaliação da qualidade de cada parte dentro de uma visão geral do sistema de controle. Além disso, para a sistematização e facilidade de gerenciamento do desenvolvimento é necessário considerar a padronização dos recursos e a otimização das ferramentas utilizadas. Na sistematização do desenvolvimento de sistema de controle, o conceito de modularização é fundamental. Estes módulos são os sub-sistemas componentes de um sistema maior e funcionalmente envolvem também partes ou dispositivos (ferramentas) que apoiam o desenvolvimento de cada etapa. Em relação ao controle de qualidade, a correta execução das tarefas procura deve ser assegurada através de documentação apropriada dos resultados e realização de revisões das etapas anteriores.

Entretanto, quando se considera sistemas de maior complexidade, a etapa de definição das necessidades do sistema já pode representar uma dificuldade, pois tais definições em geral não são claras e, além disso, é muito difícil de verificar se as especificações estão de acordo com as necessidades do usuário, operador ou cliente. Outras etapas também envolvem dificuldades que têm demonstrado a impossibilidade prática de um desenvolvimento global sequencial sem deficiências.

Assim, as revisões (de cada etapa do desenvolvimento e do sistema) acima mencionada são formalizados dentro do conceito de prototipagem, onde o projeto e desenvolvimento são realizados repetindo-se o seguinte ciclo: concepção (descrição) do protótipo, operação do protótipo e avaliação do protótipo (vide Figura 6.2).

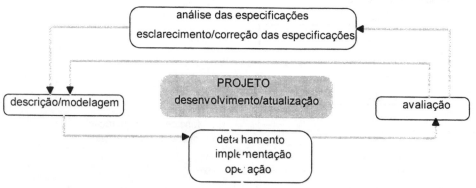

Figura 6.2 Ciclo de prototipagem de softwa e

A metodologia deve considerar as diferentes abordagens em relação ao tipo do objeto de controle e ao porte do sistema. Dentro deste contexto também devem ser consideradas as técnicas de reutilização com aplicação de IA (Inteligência Artificial), técnicas de simulação das operações na etapa de projeto, técnica do MFG/PFS, etc. que possibilitam o projeto estruturado, técnicas com entrada gráfica (esquemática) do procedimento de controle das operações da máquina, etc.

Quanto ao porte dos sistemas, existem os de pequeno porte, onde o próprio usuário implementa todo o sistema; os de médio porte, cuja implementação está

CAPÍTULO 6 - METODOLOGIA DE PROJETO DE SISTEMAS DE CONTROLE   *151*

dividida entre o usuário e os fornecedores (de produtos e/ou serviços); e os de grande porte, onde o fornecedor é o maior responsável pela análise e definição das necessidades, projeto do sistema de controle e desenvolvimento do sistema.

Entretanto, o conteúdo dos procedimentos de controle nos sistemas de controle normalmente independe da dimensão do sistema. Este conteúdo envolve as seguintes atividades:

1) Identificação do objetivo final do sistema;

2) Compreensão do objeto de controle, instalações e equipamentos;

3) Organização dos conhecimentos sobre o sistema de controle (dispositivo de controle, equipamentos periféricos, etc.);

4) Abstração e análise das funções de controle, como os modos de operação e monitoração das instalações e equipamentos;

5) Definição das funções de controle;

6) Definição do fluxo das funções de controle;

7) Divisão das funções e definição das interfaces;

8) Definição e alocação dos sinais de entrada e saída;

9) Definição da estrutura do programa de controle;

10) Projeto da reutilização;

11) Projeto do(s) programa(s);

12) Projeto de programas não padronizados;

13) Desenvolvimento do programa e seu carregamento nas máquinas;

14) Teste por unidade;

15) teste do sistema.

Relacionando estes procedimentos com o ciclo de vida do sistema de controle, (1) a (4) compõem a etapa de análise de necessidades, (5) e (6) a etapa de definição das necessidades, (7) a (9) a etapa de projeto do sistema de controle, (10) a (12) a etapa de projeto do software de controle, (13) a etapa de desenvolvimento do software, (14) e (15) a etapa de testes.

Estas etapas não são conduzidas necessariamente em série, mas algumas podem também serem conduzidas em paralelo, como por exemplo as etapas de análise de

_152_   _Controle Programável - Fundamentos do controle de SED_

necessidades e definição de necessidades, ou as de definição de necessidades e projeto do sistema.

A fase de operação e manutenção, subseqüente à fase de projeto (que envolve desde a análise até os testes) não é totalmente independente. Pelo contrário, recebe muita influência dos resultados da fase de projeto. Além disso, como existem muitas etapas, existem vários resultados com efeitos cumulativos. Um erro na fase de projeto e/ou desenvolvimento do sistema não detectado na fase de testes pode aparecer posteriormente na fase de operação, causando falhas ou até mesmo acidentes. Deve-se, entretanto, ressaltar que um erro na etapa de projeto do sistema devido a uma análise incompleta das necessidades é muito difícil de ser detectado na fase de testes. Estes problemas são geralmente visíveis apenas na fase de operação, quando as necessidades do usuário, operador ou cliente são evidentemente não atendidas. Neste caso é necessário uma re-definição de necessidades e novas etapas de projeto do sistema de controle, projeto do software, desenvolvimento do software e testes. Caso contrário, o sistema opera de modo que o usuário, operador e cliente tenham de conviver com as dificuldades geradas pelas deficiências do sistema. Em ambos os casos têm-se grandes perdas. Além disso, se o sistema não possui características de expansão necessárias para as melhorias, aperfeiçoamentos e crescimentos posteriores do próprio sistema, possivelmente muito tempo e dinheiro serão desperdiçados.

Desta forma, a metodologia apresentada é um meio de atender as necessidades do usuário, operador e cliente com o menor número possível de erros e, com isto, obter a minimização dos custos durante todo o ciclo de vida do sistema de controle.

As diferentes etapas do projeto de um sistema de controle de SED são apresentadas a seguir.

6.1 ANÁLISE DE NECESSIDADES

O resultado desta análise de necessidades é a definição das necessidades. As etapas de análise e definição das necessidades compõem uma atividade onde a especificação é elaborada a partir de exigências muitas vezes ambíguas. Estas etapas diferem muito das etapas seguintes, como projeto do sistema de controle, projeto e desenvolvimento do software e testes, e têm as seguintes características:

CAPÍTULO 6 - METODOLOGIA DE PROJETO DE SISTEMAS DE CONTROLE   *153*

- Necessidade de organizar as relações humanas

    Esta atividade é conduzida junto com o projeto básico do sistema, onde existe o relacionamento de várias pessoas, como os projetistas, usuários, pessoal de manutenção, administradores (responsáveis pelos ganhos e perdas devido à introdução do sistema), fornecedores de equipamentos e instalações, e outros. O ser humano tem considerações e necessidades diferentes conforme as circunstâncias e, como a forma de transmissão de informações é geralmente através da comunicação não formal, as ambiguidades são comuns. Assim, é necessário uma forma de agrupar e conciliar as diferentes considerações, necessidades, exigências, informações, etc.

- Necessidade de amplo conhecimento e know-how

    Uma boa análise é impossível sem um conhecimento e know-how consistentes do sistema físico a ser controlado, da interface homem-máquina, das funções e dos dispositivos de controle e seus periféricos, além dos equipamentos e instalações que são objetos do controle.

- Reconsideração dos conceitos

    Mesmo estando na etapa do projeto básico, os detalhes podem apresentar ambigüidades, e os equipamentos e instalações que são o objeto de controle poderão ainda estar em fase de desenvolvimento. Isto dificulta a verificação dos prós e contras das várias formas de alcançar os objetivos, sendo assim necessário uma reconsideração periódica dos conceitos.

- Final indeterminado

    Na atividade de análise é difícil decidir a priori até que nível de detalhamento deve-se aprofundar, ficando assim indeterminado o término desta atividade. Esta decisão depende muito da experiência nas etapas seguintes. Na prática, a análise em nível detalhado é realizada nas etapas de projeto do sistema de controle e/ou do software.

Como se pode notar, a atividade de análise de necessidades exige grande conhecimento, sendo o primeiro passo na definição do ciclo de vida do sistema de controle e devendo, portanto, ser realizada cuidadosamente. O resultado da análise é documentado com a definição das necessidades. Este documento é importante pois, através do mesmo, é avaliada a aceitação da especificação por parte do usuário, operador e cliente evitando modificações por parte dos mesmos em etapas

154 *Controle Programável - Fundamentos do controle de SED*

posteriores e permitindo que resultados sejam assegurados nas fases de operação e manutenção.

Ainda, baseado nesta análise de necessidades, pode se prever os custos e o cronograma e, de acordo com estes, executar as correções e/ou modificações na análise e na definição de necessidades.

As principais atividades práticas nesta etapa são apresentadas a seguir.

6.1.1 Identificação do objetivo final do sistema

Antes de analisar as várias necessidades ou as características do objeto de controle, é importante que o objetivo final do sistema seja devidamente identificado (compreendido). A análise de necessidades (análise do problema) consiste no julgamento da validade e viabilidade do atendimento das várias necessidades, seleção de alguns critérios de classificação destas necessidades e definição de uma especificação ótima. Em todas estas atividades, o objetivo final é utilizado como referência para todas as decisões envolvidas.

Concretamente, os objetivos finais podem ser baseados em diferentes abordagens:

- Abordagem a nível de especificação do sistema: por exemplo, introdução de um sistema de controle de temperatura de um armazém refrigerado para reduzir o consumo de eletricidade em 20%; ou automatização da fixação de ferramentas para reduzir o tempo de usinagem em 30%, ou ainda, fazer com que a capacidade de processamento seja de 10 peças por hora.

- Abordagem a nível de recursos humanos: por exemplo, automatizar um sistema para reduzir o número de pessoas necessárias na proporção de 5 para 3; ou ainda, a nível de supervisão, implantação de um controle (monitoração) centralizado sob comando de apenas uma pessoa.

- Abordagem a nível específico de um certo domínio (alcance, range) da produção

- Abordagem a nível específico de um certo orçamento de desenvolvimento (produção)

- Abordagem a nível específico de um certo cronograma de desenvolvimento e implantação

6.1.2 Estudo do objeto de controle, equipamentos e instalações

O objeto de controle é um conjunto formado por vários elementos. Portanto, para compreender o objeto de controle, é necessário estudar as funções e as características de cada elemento, assim como identificar claramente as inter-relações entre estes elementos.

Para cada um dos elementos do objeto de controle existem funções que devem ser pré-definidas. Existem ainda ações e operações que ativam a realização de funções e, como resultados destes comandos, têm-se transições de um estado para outro. Neste caso, detectores devem ser instalados para identificar estes estados. No caso destes estados serem modelados adequadamente pelo controle, estes detectores podem ser suprimidos. Por outro lado, detectores relacionados com a segurança e proteção do sistema não podem ser omitidos. As inter-relações entre os elementos são representados por inter-travamentos mútuos, como intertravamento de seqüência, intertravamento de processos, etc.

Para esta atividade, os seguintes documentos devem ser elaborados:

- Diagrama estrutural (esquemático) do objeto de controle:

    Diagrama contendo os elementos do objeto de controle, seus elementos de atuação (cilindros hidráulicos, motores, etc.), detectores e os inter-relacionamentos entre estes (vide Figura 6.3). ·

- Lista preliminar dos atuadores:

    São as listas de motores, válvulas eletromagnéticas, etc. com a descrição do inter-relacionamento com o sistema mecânico como velocidade, direção de operação, etc. (vide Tabela 6.1 e Tabela 6.2).

- Lista preliminar dos detectores:

    São as listas dos detectores com descrição do tipo, estado de operação, posicionamento de operação, etc. (vide Tabela 6.3).

- Lista preliminar de intertravamentos: ·

    São as listas dos intertravamentos entre os elementos, intertravamentos de segurança, etc.

- Diagrama da infraestrutura necessária (hidráulica, pneumática, elétrica, etc. conforme o caso)

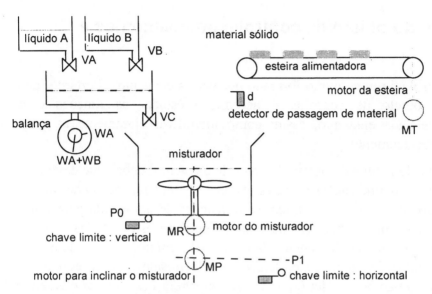

Figura 6.3 Exemplo de um diagrama esquemático de um objeto de controle

Tabela 6.1 Exemplo da lista dos motores (atuadores) referente ao sistema da Figura 6.3

número	1	2	3	
aplicação	esteira acionam.	misturador /rotação	misturador /inclinação	
código	MT	MR	MP	
quantidade	1	1	1	motor
potência (KW)	3,7	7,5	2,2	"
velocidade (rpm)	1.500	1.500	1.500	"
tensão (V)	220	220	220	"
corrente (A)	14	29	9.2	"
rotação	NR	NR	R	"
terminais-eixo	1	1	1	"
código do fabricante	...	...	...	"
torque (Nm)	100%	~	100%	freio
tipo	interno	-	intern	"
redução	1:30	-	1:60	redutor
código	-	-	-	"
tipo	-	-	-	detector
código	-	-	-	"
motor (kg.m2)	0,008	0,017	0,006	momento de
máquina (kg.m2)	0,05	0,3	0,08	inércia
tipo de controle	ON/OFF	ON/OFF	ON/OFF	
observações				

CAPÍTULO 6 - METODOLOGIA DE PROJETO DE SISTEMAS DE CONTROLE 157

Tabela 6.2 Exemplo da lista das válvulas solenóides (atuadores) referente ao sistema da Figura 6.3

número	*1*	*2*	*3*	
equipamento	tanque A	tanque B	dosador	
aplicação	entrada do líquido A	entrada do líquido B	entrada no misturad or	
código	VA	VB	VC	
tipo SS 2p	X	X	X	tipo
tipo DS 2p	-	-	-	da
tipo DS 3p	-	-	-	válvula
outro tipo	-	-	-	
acionamento pneumático	X	X	X	
acionamento hidráulico	-	-	-	
bobina "a" energizada	abre	abre	abre	atuação
não energizado	fecha	fecha	fecha	
bobina "b" energizada	-	-	-	
tensão (V)	220V CA	220V CA	220V CA	
corrente de ativação (A)	0,5	0,5	0,5	
corrente de manutenção (A)	0,1	0,1	0,1	
observações				

Tabela 6.3 Exemplo da lista dos detectores referente ao sistema da Figura 6.3

número	*1*	*2*	*3*
equipamento	esteira	misturador	misturador
aplicação	detecção de material sólido	detecção da posição de mistura	detecção da posição de descarregamento
código	d	P0	P1
tipo	PS	LS	LS
saídas	1a	1a +1b	1a + 1b
alimentação	24V CC	-	-
código do fabricante	-	-	-
características especiais	detecção de material que cai da esteira	-	-
observações			

6.1.3 Organização dos conhecimentos sobre os dispositivos e a instalação

Nesta etapa levanta-se as informações que o dispositivo de realização do controle necessita considerar em relação aos dispositivos de acionamento de motores, dispositivos de comando, dispositivos para monitoração e emissão de relatórios para a efetiva realização do controle.

Assim, além dos dados sobre a técnica de programação, são ainda necessárias informações como os tipos de entradas e saídas, suas especificações, número de pontos de entrada/saída, capacidade da memória de dados e de programa, velocidade de processamento, características funcionais das entradas e saídas remotas, funções de interrupção interna e externa, funções de controle distribuído, interfaces de comunicação, etc.

Levanta-se ainda os critérios para a classificação e instalação da fonte de alimentação dos acionamentos e do controle, fiação dos sinais, técnicas de arranjo da fiação para prevenção contra ruídos, falta de energia, acidentes decorrentes de curto-circuitos, etc.

6.1.4 Levantamento e análise das funções de controle

Nesta atividade identifica-se o que o usuário, operador ou cliente desejam concretamente executar para atingir os objetivos finais, assim como as interfaces e intervenções necessárias do operador.

Inicialmente analisa-se, entre as funções desejadas, as funções físicas consideradas para o objeto de controle e que podem ser realizadas por combinações das funções dos elementos que constituem o próprio objeto de controle. Analisa-se a seguir os requisitos relacionados com a intervenção que o homem pode realizar nas funções do dispositivo de realização do controle, dispositivo de comando, dispositivo de monitoração, dispositivo de atuação e dispositivo de detecção. Somente após estes estudos, é realizada uma avaliação do método de operação. Nesta fase, é importante considerar não somente a operação em condições normais, mas também as medidas a serem tomadas em caso de falha, falta de energia, modo de reinicialização do sistema, prevenção contra erros de operação, proteção de equipamentos e das instalações, segurança do homem, etc.

Como exemplo de técnica de identificação e análise das funções de controle, existe o diagrama de sistematização das funções derivado das técnicas de análise

CAPÍTULO 6 - METODOLOGIA DE PROJETO DE SISTEMAS DE CONTROLE   159

de valores e de Engenharia de valores. Primeiro, a função necessária é identificada e para facilitar sua avaliação, representa-se a função por um par "substantivo - verbo". A seguir, para avaliar se as funções são indispensáveis ou não, classifica-se as mesmas em funções básicas e funções secundárias:

- Funções básicas:

    São funções que, se retiradas do sistema ou do elemento estrutural, o sistema em si ou o elemento deixa de ter sentido (funções de nível mais elevado).

- Funções secundárias:

    São as funções que auxiliam a realização das funções básicas ou que se tornam necessárias devido a uma decisão particular de projeto.

Este procedimento é repetido de modo a obter uma classificação das funções, como ilustrado na Figura 6.4, que permite a avaliação e identificação de quais são as funções indispensáveis e quais não são.

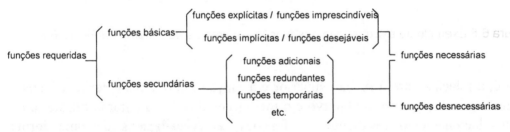

Figura 6.4 Classificação das funções

As funções consideradas indispensáveis têm seu inter-relacionamento sistematizado através da elaboração do seu respectivo diagrama estrutural de inter-relacionamento das funções, conforme ilustrado na Figura 6.5.

Para sistematizar hierarquicamente o inter-relacionamento entre as funções são elaboradas as seguintes perguntas:

- Para funções de nível superior: por que esta função é necessária ?
- Para funções de nível inferior: como esta função será realizada ?

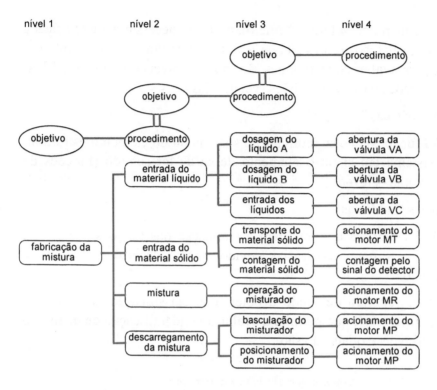

Figura 6.5 Exemplo de estruturação das funções referentes ao sistema da Figura 6.3

Isto é, a relação entre a função superior e a função inferior pode ser considerada como uma relação entre o objetivo e o meio (método). No diagrama estrutural de inter-relacionamento resultante, as funções são visualizadas de uma forma estruturada, facilitando assim as seguintes tarefas de verificação e correção :

- Verificação das funções que realmente são necessárias;
- Identificação das funções erradas e/ou funções dispensáveis;
- Identificação da natureza e abrangência das funções;
- Adição de funções que faltam.

As condições restritivas relacionadas com o sistema como um todo, como orçamento e prazo, e as condições restritivas referentes a uma determinada função também devem ser explicitadas. Desta forma, os seguintes documentos devem ser elaborados pelo usuário e/ou projetista do sistema:

- Plano geral de funcionamento da instalação: Plano contendo a identificação de cada máquina, equipamento, etc.; o local físico de operação e inspeção e os reursos para tais atividades; o número de operadores; delimitação da área e/ou regiões de operação; a rota do fluxo de materiais e produtos; etc. (Figura 6.6)

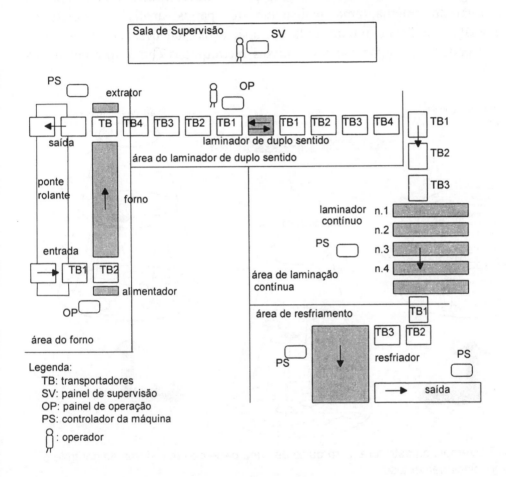

Figura 6.6 Exemplo de diagrama geral da instalação

- Lista dos ítens de operação automática e ítens de operação manual: descrição dos objetivos, conteúdos e abrangência.

- Lista dos ítens e formas de monitoração

- Versão preliminar do manual de operação

- Diagrama preliminar do sistema de alimentação de energia

6.2 Definição das Necessidades

A tarefa de definição das necessidades consiste em analisar a especificação dos requisitos e gerar como resultado uma definição das necessidades. Para alcançar o objetivo final do sistema, uma análise em três partes: análise do objeto de controle, análise do dispositivo de controle e análise das funções. Cada uma destas três partes podem ser organizadas em níveis hierárquicos como apresentado na Figura 6.7.

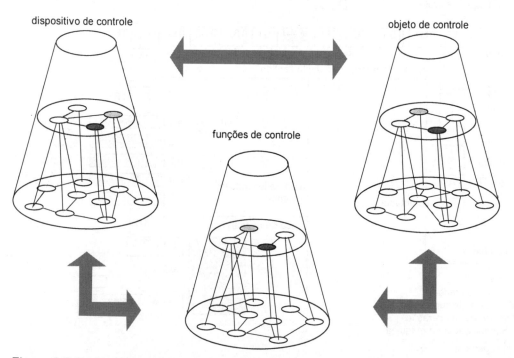

Figura 6.7 Exemplo da estrutura hierárquica de cada parte de um sistema de controle e seus inter-relacionamentos

Os elementos de um mesmo nível estão relacionados entre si e estão representados no diagrama por uma linha de conexão. Além disso, as três partes não são independentes entre si, isto é, possuem conexões mútuas. Como ilustram os elementos com as mesmas hachuras na Figura 6.7, as funções de controle possuem ligações tanto com o objeto de controle como com o dispositivo de controle que é responsável pela realização destas funções. Desta forma, na etapa de definição das

CAPÍTULO 6 - METODOLOGIA DE PROJETO DE SISTEMAS DE CONTROLE   163

necessidades é necessário estabelecer uma especificação que satisfaça as relações entre objeto de controle, dispositivo de controle e as funções de controle.

Os documentos gerados nesta etapa são as especificaçãos do sistema de controle que são utilizados para os seguintes fins:

- Obter a confirmação e aprovação do usuário, operador e cliente em relação às funções do sistema.

- Identificar as especificações para o projeto do sistema de controle e seu software;

- Gerar uma referência para a avaliação da qualidade na etapa de testes;

- Gerar uma ordem para o fornecimento do hardware.

- Gerar uma parte do manual de operações e de manutenção.

6.2.1 Definição das funções de controle

As funções necessárias, que foram avaliadas e analisadas através do diagrama estrutural de inter-relacionamento das funções como o apresentado na Figura 6.5, devem ser desenvolvidas até um nível apropriado, detalhando-se funções e acrescentando, quando necessário, funções complementares até se obter uma descrição completa de sua realização física. A função de nível mais inferior é a função dos elementos que constiuem o objeto de controle, ou dos módulos funcionais do software de controle.

Observando-se o tempo de projeto ou o número de passos do programa das funções de nível inferior, pode-se prever o tempo total de projeto e o número total de passos do programa e/ou macro-funções, o que facilita o gerenciamento do cronograma.

Para realizar as funções de controle de modo estruturado deve-se definir as especificações dos elementos do sistema de controle (conforme descrito na Figura 1.2 Diagrama conceitual básico do sistema de controle de SED): dispositivos de atuação, dispositivos de detecção, dispositivos de comando e dispositivos de monitoração.

Quanto aos dispositivos de atuação, para atender as funções especificadas, são determinadas as especificações exigidas para cada elemento do objeto de controle, isto é, são definidas as capacidades e os custos compatíveis com parâmetros físicos necessários, como força, torque, velocidade, deslocamento, etc. Assim, a

164 *Controle Programável - Fundamentos do controle de SED*

lista preliminar com os vários tipos de dispositivos de atuação, elaborada na etapa de análise das necessidades, é então atualizada e complementada.

Quanto aos dispositivos de detecção, são definidas as especificações dos detectores necessários para a realização das funções e dos detectores necessários para a proteção e segurança dos equipamentos e da instalação. Assim, a lista preliminar de detectores é atualizada e complementada.

Os dispositivos de comando e os dispositivos de monitoração e documentação definem a maneira de operar os equipamentos, a instalação e de como os resultados são monitorados. Assim, as suas especificações devem ser definidas após a organização funcional de todos os comandos de operação e de monitoração, quando então deve-se ter bem claro as inter-relações e a forma de integração dos equipamentos. Além disso, aspectos de ergonomia como o posicionamento, formato, campo de visão, ângulo de operação, procedimento de operação, côr dos dispositivos de comando e de monitoração também devem ser considerados. Com relação a estes dispositivos têm se aseguinte classificação de funções:

* Função de inicialização da operação:

  Esta função envolve a verificação do sistema de alimentação de energia; ativação dos outros sistemas de infraestrutura (por exemplo:ativação e verificação das condições de lubrificação, ativação e verificação do sistema de resfriamento e de alimentação de ar); inicialização de medidores; inicialização dos sistemas superiores de gerenciamento/controle e do sistema de controle distribuído; operação e indicação de chaves de alimentação do sistema de controle, chaves de segurança, intertravamentos; reset dos sinais de parada de emergência e/ou falha; verificação das condições para partida e manutenção da operação dos equipamentos e instalações; etc. Todas estas funções devem ser consideradas sob um conceito único na elaboração das especificações de comando e de monitoração. Deve-se ter cuidado especial, principalmente na definição clara dos limites do operador e dos limites (alcance) da sala de controle. Em relação ao sistema de proteção, o operador deve ter condições de identificar tanto o estado global como os detalhes através da sala de controle.

* Função de seleção do modo de operação:

  Os modos de operação podem ser do tipo: *[computador]-[automático]-[manual]*, *[contínuo]-[passo a passo]*, *[em operação]-[energizado]-[parado]*, etc. As funções de seleção do modo de operação podem

CAPÍTULO 6 - METODOLOGIA DE PROJETO DE SISTEMAS DE CONTROLE   *165*

envolver por exemplo a especificação do motor da bomba, especificação dos equipamentos (normal ou reserva), seleção da técnica de controle, etc.

- Função de seleção do local de operação:

  Pode envolver a seleção entre a sala de operação ou sala de máquinas, sala de operação ou sala de força, sala de operação A ou sala de operação B, etc.

- Funções de sinalização/indicação:

  Envolve a indicação do conteúdo das condições de inicialização, modo de operação, seleção do local de operação, atendimento das condições de partida e/ou operação, funcionamento automático, estado da operação (informação por bits ou valores numéricos), estado dos detectores, etc.

- Funções de comando de operação:

  Envolve o comando das ações do objeto de controle (sentido de rotação normal ou inversa, movimento para cima ou para baixo, para frente ou para trás, parada, etc.), comando do modo de operação (automático ligado, automático desligado, etc.), comando de set-up (ajuste inicial como: definição do número de peças, posicionamento, etc.).

- Função de medição:

  Envolve a medição e/ou monitoração dos estados de operação do objeto de controle (posição, comprimento, temperatura, etc).

- Função de sinalização de falha ou alarme:

  Envolve o acionamento de alarmes, sinalização da falha, procedimento a ser tomado de acordo com o nível da falha, modo de reinício, etc.

A Tabela 6.4 ilustra as relações entre as funções de comando de operação e os dispositivos de comando e de monitoração.

Nesta etapa são gerados os seguintes documentos na forma de especificação definitiva:

- Diagrama das funções de controle (vide Figura 6.5);
- Lista dos dispositivos de atuação;
- Lista dos dispositivos de detecção;
- Lista dos dispositivos de comando e monitoração (vide Tabela 6.5);

166   *Controle Programável - Fundamentos do controle de SED*

Tabela 6.4 Exemplo da relação funcional do controle e monitoração da operação da instalação

No.	Funções de comando	dispositivo de comando	dispositivo de monitoração
1	Inicialização do sistema de controle superior Inicialização da instrumentação Inicialização dos sistemas de apoio (refrigeração, lubrificação, ar comprimido, etc.) Inicialização do sistema de alimentação de energia	Chaves e botões	Lâmpadas sinalizadoras
2	Condições para ativação do sistema de controle	Chave de Emergência Chave de Alimentação do sistema de controle	Lâmpadas sinalizadoras
3	Condições de partida Condições de funcionamento	Botão de reset de parada de emergência	Indicadores de funcionamento
4	Condições para seleção do modo de operação Seleção do modo de operação Confirmação do modo selecionado	Chave automático-manual	Lâmpadas sinalizadoras
5	Escolha do local de operação	Chave local-remoto	
6	Inicialização de cada máquina Confirmação da partida e de operação		Lâmpadas sinalizadoras
7	Operação da instalação Instrumentação das operações Indicação e sinalização das operações	Chaves e botões	Medidores, Registradores Lâmpadas sinalizadoras
8	Procedimento de parada por falha ou erro Indicação e sinalização da falha ou erro		Lâmpadas sinalizadoras Alarmes Buzinas
9	Tratamento de falhas ou erros		
10	Reset da falha ou erro Condições de partida Condições de operação		
11	Reinicialização para nova partida		

CAPÍTULO 6 - METODOLOGIA DE PROJETO DE SISTEMAS DE CONTROLE 167

Tabela 6.5 Exemplo de dispositivos de comando e monitoração referentes ao sistema da Figura 6.3

n.	indicação na plaqueta	qt.	tipo	indicação no disp.	formato	obs
101	modo de operação	1	COS	man.-autom.-comput.	COS 3p	(1)
102	acionamento da válvula	1	CSA	aberto-( )-fechado	CSA 3p	(2)
103	seleção da válvula	1	COS	VA-VB-VC	COS 3p	
104	esteira alimentadora	1	CSA	parada-( )-operação	CSA 3p	
105	misturador	2	BSL	partida/parada	BSL-R/G2↑	(3)
106	posição do misturador	1	CSM	vertical-parado-horiz.	CSM 3p	
107	partida automática	1	BSL	partida	BSL-W24	(4)
107A		1	BS	parada	BS	
108	ajuste do líquido A	1	DS	xxx Kg	DS3	(5)
109	ajuste do líquido B	1	DS	xxx Kg	DS3	(6)
110	valor medido	1	DI	xxx Kg	DI3	(7)
111	ajuste na qtdade.de sólidos	1	DS	xx peças	DS1	
112	tempo de mistura	1	DS	xx min.	DS2	(8)

Observações:
(1) seleção do modo de operação do misturador - manual: (102) a (106) ficam ativos / automático: (107) a (112) ficam ativos / computador: definido pelo computador
(2) abre ou fecha a válvula seleciodada por (103)
(3) lâmpada (vermelha/verde) é acionada independentemente do modo de operação
(4) lâmpada branca é acionada no modo automático
(5) ajuste da quantidade de líquido A
(6) ajuste da quantidade de líquido B
(7) valor indicado pela balança, independentemente do modo de operação
(8) ajuste do tempo de operação do motor do misturador

- Lista dos intertravamentos: intertravamentos entre funções ou entre elementos do objeto de controle, condição de partida, condição de operação, etc.;

- Diagrama do sistema de alimentação de energia.

6.2.2 Definição do fluxo das funções de controle

Para a realização das operações especificadas, deve-se definir os procedimentos que ativam as várias funções de controle anteriormente definidas, isto é, deve-se definir o fluxo das funções de controle.

Em geral, para representar tal fluxo de controle são utilizados fluxogramas, cartas de tempo, representação por redes como o PFS/MFG, etc.

No fluxograma, o fluxo de condições, o controle e o processamento dos dados, etc. podem ser visualizados, mas as funções de processamento paralelo são difíceis de serem representadas.

Na carta de tempos, a relação entre o comportamento do objeto de controle e as funções de processamento pode ser visualizada em conjunto, mas apresenta dificuldades na representação estruturada, o que compromete sua legibilidade.

Por outro lado, o PFS/MFG permite representar os passos em blocos funcionais (atividades) de diferentes níveis conceituais admitindo sem dificuldades uma representação estruturada, isto é, os passos descritos em nível conceitual mais alto (PFS) podem ser gradativamente detalhados. A Figura 6.8 é a representação num nível conceitual macro do fluxo das funções de controle do misturador (vide Figura 6.3) apresentado no diagrama funcional da Figura 6.5.

Figura 6.8 PFS/MFG das funções de controle (nível macro) referentes ao sistema da Figura 6.3

A Figura 6.9 é a representação em nível mais detalhado da Figura 6.8. Comparando as figuras, observa-se como é fácil desenvolver o fluxo das funções de controle em representação PFS/MFG a partir do diagrama funcional, devido a uma relação unívoca existente entre estas representações. Além disto, pela possibilidade de representação de processamentos paralelos, concorrentes e assíncronos, que são características do controle de SED, e pelo fato de versões de Redes de Petri como o SFC estarem sendo utilizados como linguagem de programação dos novos CP, a aplicação do MFG/PFS na representação do fluxo de controle é recomendável.

CAPÍTULO 6 - METODOLOGIA DE PROJETO DE SISTEMAS DE CONTROLE   169

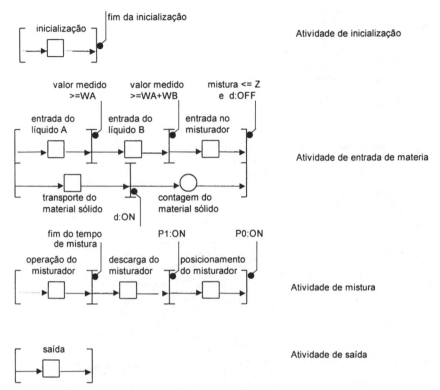

Figura 6.9 PFS/MFG das funções de controle (nível de detalhe) referentes ao sistema da Figura 6.3

Para representar as operações manuais aleatórias, são empregados outras técnicas, como por exemplo, o diagrama (fluxograma) de chaveamento (vide Figura 6.10) que descreve o fluxo de sinais dos dispositivos de comando do controle e os intertravamentos destes sinais.

Quanto ao processamento de situações de exceção (anormais), as informações a serem sinalizadas, os alarmes a serem ativados, os procedimentos a serem adotados de acordo com a situação, a forma de reinicialização, etc. também devem ser definidos claramente nesta etapa.

Nesta etapa são gerados os seguinte documentos:

- Fluxograma das funções de controle (vide Figura 6.8 e Figura 6.9);
- Fluxograma de chaveamento para as operações manuais e situações anormais (vide Figura 6.10);
- Proposta de tratamento de exceções (anomalias).

170 Controle Programável - Fundamentos do controle de SED

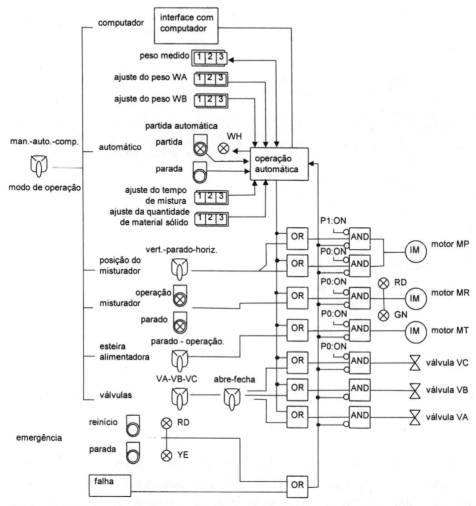

Figura 6.10 Exemplo de um diagrama de chaveamento referente ao sistema da Figura 6.3

6.3 PROJETO DO SISTEMA DE CONTROLE

Apresenta-se a seguir as etapas de projeto do sistema, com a finalidade de se atender os requisitos definidos na especificação:

6.3.1 Definição das interfaces e alocação das funções

Consiste na definição do tipo e da quantidade de dispositivos de controle a serem utilizados na realização das funções de controle definidas nas etapas anteriores.

As características do dispositivo de controle podem ser definidas através da classificação das funções de controle em níveis hierárquicos (nível de gerenciamento, nível de operação automática, nível de operação manual, nível de dispositivo de atuação, etc.), como ilustrado na Figura 6.11.

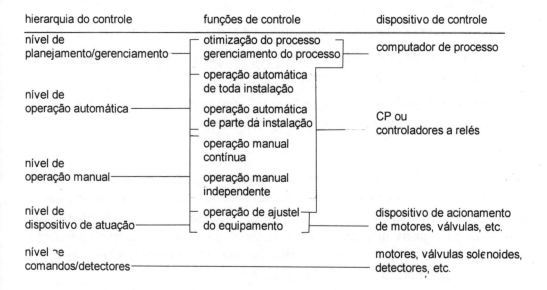

Figura 6.11 Hierarquia das funções de controle e dispositivos de controle

Na atribuições das funções do dispositivo de realização do controle devem ser considerados os seguintes fatores:

- Área de influência em caso de "queda" do dispositivo de realização do controle;
- Possibilidade de atualização ou expansão dos procedimentos de controle devido a mudanças no arranjo físico e/ou aumento do maquinário;
- Diretriz do tratamento de exceções (anomalias);
- Velocidade de resposta exigida para o sistema de controle;
- Proposta de tratamento de exceções (anomalias).

172 Controle Programável - Fundamentos do controle de SED

- Condições ambientais, como temperatura, vibração, quantidade de poeira, etc. do local da instalação;

- Fatores econômicos.

Ainda em relação às estratégias para o procedimento em caso de "queda" do dispositivo de realização do controle, pode-se considerar as seguintes soluções:

- Sistema dual do dispositivo de realização do controle (duplicação do sistema de controle);

- Back-up através de um outro dispositivo de realização do controle;

- Redução do MTTR (Mean Time To Repair) através da garantia de disponibilidade (estoque) de peças de reposição;

- Redução da área de influência da "queda" através de uma divisão das funções em vários dispositivos de realização do controle.

Além disso, devido a fatores como o número de pontos de entrada e saída, capacidade de memória, velocidade de processamento e dispositivos de segurança, pode-se considerar também a utilização de sistemas de controle distribuído compostos por vários dispositivo de realização do controle ou então, sistemas hierarquizados com trasmissão de dados on-line para computadores em níveis superiores de gerenciamento e de planejamento.

Caso as funções de controle sejam divididas em vários dispositivos de controle, devem então ser definidos o conteúdo e a forma de intercâmbio de dados e sinais. A Figura 6.12 ilustra a relação das interfaces e das funções de controle.

Neste exemplo, a representação identifica 3 grupos de objetos externos a serem interfaceados. Entretanto, dependendo do número de objetos a serem interfaceados, pode-se ter representações com mais grupos.

Os documentos gerados nesta etapa são:

- Diagrama das interfaces e das funções (vide Figura 6.12);

- Lista das interfaces.

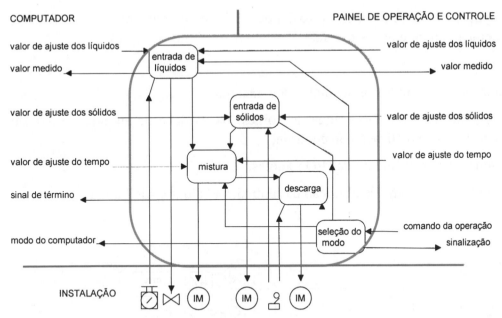

Figura 6.12 Exemplo de um diagrama geral das interfaces referente ao sistema da Figura 6.3

6.3.2 Definição e alocação dos sinais de entrada e saída

De acordo com os documentos elaborados na etapa de definição das necessidades e a lista de interfaces, são então definidos os tipos das unidades de entrada e saída (I/O) do dispositivo de realização do controle, e as respectivas alocações dos sinais de I/O. Para tanto, são considerados os seguintes ítens:

- Velocidade de resposta: I/O remota ou I/O direta;
- Imunidade a ruídos: nível e forma do sinal de tensão e/ou corrente, isolação, tipo do cabo, modo de fiação, etc.;
- Confiabilidade dos contactos: contactos das chaves limites, dispositivos de sobretensão, etc.;
- Características e capacidade da carga: tensão da carga, corrente da carga, etc.;
- Especificações especiais: entrada pulsada ou analógica, modo de transmissão, etc.;

- Capacidade de expansão: possibilidade de melhorias, expansões futuras, alteração durante os testes, etc.

Nesta etapa, são gerados os seguintes documentos:

- Diagrama de conexões (régua de bornes) da unidade de entrada e saída do dispositivo de realização do controle;
- Esquema de roteamento das I/O remotas;
- Tabela ou diagrama de alocação das entradas e saídas (vide Figura 6.13).

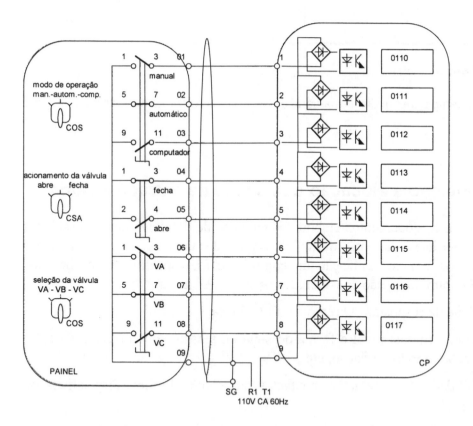

Figura 6.13 Exemplo de um diagrama de alocação das entradas e saídas referente ao painel de operação do sistema da Figura 6.3

6.3.3 Definição da estrutura do programa

Existem vários tipos de estruturas de programas para os dispositivos de realização do controle que podem ser adotados. Entretanto, com exceção dos sistemas de pequeno porte, deve-se adotar uma estrutura que considere:

- Facilidade de leitura e de compreensão do programa;
- Capacidade para a fácil reutilização de programas;
- Possibilidade de divisão em níveis, isto é, aqueles com processamento em alta velocidade e aqueles com processamento em baixa velocidade, com base nas funções de controle envolvidas;
- Facilidade de manutenção, possibilitando expansões e modificações no programa;
- Facilidade na avaliação das funções na fase de testes.

Desta forma, assim como na relação entre a Figura 6.8 e a Figura 6.9, num nível conceitual mais elevado, o programa de controle no nível "macro" controla os módulos funcionais "macros", e dentro de cada módulo funcional "macro", os programas de controle detalhados controlam os módulos funcionais detalhados. Através da implementação deste conceito, obtém-se a estruturação do programa. A Figura 6.14 ilustra este conceito.

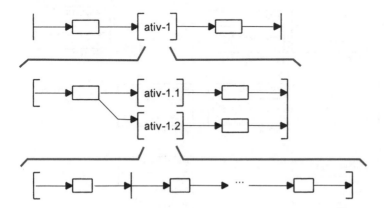

Figura 6.14 Exemplo dedescrição da estrutura do programa de controle

Além disso, existem programas prioritários, programas que exigem respostas em alta velocidade, programas que necessitam de gerenciamento de prazos, etc. Estes programas podem ser alocados em diferentes níveis de processamento por interrupção. Estes níveis devem ser então classificados de acordo com as necessidades de processamento do programa.

O exemplo da Figura 6.15 ilustra a estruturação de um programa e a sua classificação em níveis de acordo com as necessidades de processamento. Neste exemplo os níveis de proces-samento de interrupção são classificados em 4, do nível 0 a 3, com a prioridade de interrupção maior para os números menores. O nível P é o caso em que o programa não é ativado por interrupção, isto é, neste caso a ativação é resultante de um processo seqüencial cíclico.

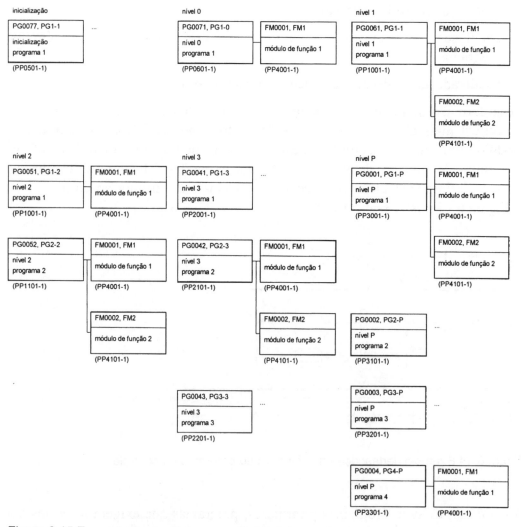

Figura 6.15 Exemplo de um diagrama estrutural do programa

CAPÍTULO 6 - METODOLOGIA DE PROJETO DE SISTEMAS DE CONTROLE   *177*

Contabilizando para cada módulo de função o correspondente número de passos do programa de controle e a quantidade de memória de dados necessária, pode-se avaliar a quantidade de memória para o programa e a quantidade total de memória para os dados, além do tempo de processamento. Caso o tempo de processamento necessário seja ultrapassado, classifica-se os módulos em aqueles que necessitam de alta velocidade de processamento e naqueles que não necessitam, passando os do primeiro tipo para o nível de processamento por interrupção.

No caso de CP, onde no processamento por interrupção é geralmente utilizada a interrupção em períodos fixos de tempo através do relógio (clock) interno, dependendo da velocidade de processamento exigida, pode-se realizar o processamento a cada 10ms ou 100ms. Neste caso de programa com processamento periódico, o aumento da taxa de ocupação do tempo de processamento (= tempo de processamento do programa / tempo de 1 ciclo) implica no perigo de programas do nível P praticamente não serem processadas e, de qualquer forma, isto também restringe as possibilidades de ampliações futuras. Assim, deve-se sempre considerar uma "folga".

O documento aqui elaborado é o diagrama estrutural do programa, ilustrado na Figura 6.15.

6.4 PROJETO DO SOFTWARE DE CONTROLE

O projeto do software de controle consiste em implementar no dispositivo de realização do controle a lógica das funções de controle descritas nos documentos gerados nas etapas de definição de necessidades e de projeto do sistema de controle. Os principais problemas neste caso são:

- Como projetar com alta produtividade, sem erros e com a menor influência pessoal de cada programador;

- Em relação à crescente população de profissionais na área de software, como elevar a capacidade dos iniciantes ao nível dos mais experientes e treinados.

Entre as estratégias para a solução de tais problemas, as considerados mais eficientes atualmente são a padronização e a reutilização dos programas. São técnicas onde o software de controle é composto por programas padronizados em unidades de funções de controle de aplicação geral. Geralmente, quanto maior o

_178_   *Controle Programável - Fundamentos do controle de SED*

programa do módulo funcional, maior a eficiência no momento de utilização, porém menor a possibilidade de que sua aplicação possa ser generalizada.

Desta forma, além de se gerar módulos pequenos de aplicação geral, é recomendável que sejam concebidos "macro" módulos constituídos por módulos pequenos para cada área de aplicação e para cada tipo de máquina. Em especial, concebendo-se módulos correspondentes às funções de controle apresentados no diagrama de funções da Figura 6.5 (da etapa de análise e definição das necessidades), é possível realizar o desenvolvimento rápido do software a partir dos fluxogramas das funções de controle da Figura 6.8 e da Figura 6.9.

Assim, a reutilização do software é eficiente quando considerado desde as etapas iniciais de análise e definição de necessidades, isto é, a seleção e edição de programas reutilizáveis a partir dos pontos levantados na etapa de projeto do software não é uma abordagem muito eficaz. Um projeto de software eficiente consiste em realizar os desenvolvimentos segundo uma abordagem "top-down", começando pelas etapas superiores e sempre associando a uma documentação apropriada para cada programa desenvolvido até os níveis inferiores. Apesar disso, atualmente ainda não existem muitos exemplos de desenvolvimento de software de forma integrada (baseados no conceito acima citado), isto é, a seleção e editoração dos módulos correspondentes às funções são executadas na fase do projeto do software.

Durante a etapa de projeto do software são gerados os seguintes documentos, que muitas vezes são obtidos automaticamente por ferramentas de apoio ao projeto de alto nível.

- Grafo de representação do procedimento de controle (PFS/MFG, diagrama lógico, diagrama de relés, etc.) (vide Capítulo 3);

- Tabela de sinais (sinais de entrada e saída, memória, temporizadores, módulos funcionais, etc.);

- Mapa da memória.

6.4.1 Projeto com reutilização

Existem dois métodos para o aumento da produtividade no projeto e da qualidade do software de controle utilizando-se o conceito de reutilização. O primeiro método consiste em organizar formas padronizadas de softwares, catalogando-os como módulos funcionais (FMs), e durante o projeto procurar, escolher e

CAPÍTULO 6 - METODOLOGIA DE PROJETO DE SISTEMAS DE CONTROLE   *179*

combinar os módulos correspondentes às funções desejadas. Para aumentar a taxa de utilização destes módulos, é importante considerar os seguintes pontos: a função deve ser de fácil compreensão, de fácil utilização e além disso deve-se considerar a disponibilidade de um sistema que facilite a procura dos módulos. Na prática, os programas a serem catalogados como módulos funcionais devem obedecer às seguintes condições:

- A divisão em módulos deve considerar com cuidado a variedade das aplicações;

- O ciclo de processamento e o nível de utilização do módulo devem ser explícitados;

- Os parâmetros do módulo e o modo de definição destes devem ser explicitados;

- As regras para as suas aplicações devem também ser explicitadas.

O outro método de reutilização é o conceito utilizado em projetos de softwares para equipamentos semelhantes (similares) e consiste em fazer modificações, correções e acréscimos sobre um programa base já existente. Este programa base deve assim considerar as seguintes condições:

- Existência de compatibilidade das documentações relacionadas com a descrição do software, como por exemplo, o fluxograma das funções de controle e o diagrama de inter-relações das funções;

- Legibilidade do programa;

- Facilidade em expandir ou modificar o programa;

Ou seja, a condição necessária é que o programa deve ser bem estruturado.

6.4.2 Projeto de programas

O programas combinam os procedimentos modularizados em unidades de função de controle, segundo a ordem e a lógica das condições estabelecidas no fluxograma de funções de controle e cartas de tempo. Nestes programas também são definidos os parâmetros dos módulos.

A relação entre os programas e os módulos funcionais é ilustardo na Figura 6.16.

Neste caso, os módulos funcionais "macro" são compostos por vários módulos funcionais e integrados num programa principal que controla estes módulos funcionais. O programa no nível superior por sua vez também é composto por vários módulos funcionais "macro" e um programa principal que controla estes módulos.

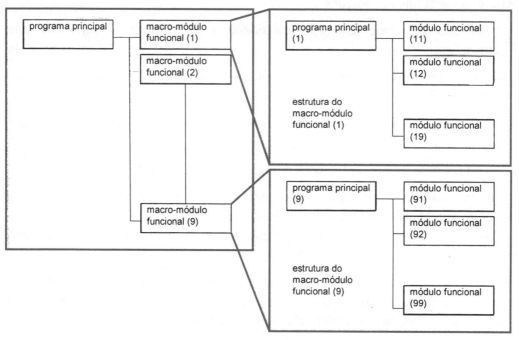

Figura 6.16 Exemplo de uma estrututa com programa principal e módulos funcionais

Em relação aos estados do sistema de controle, nos casos em que a ordem e as condições de evolução (transição) são definidas previamente, a aplicação do PFS/MFG apresenta resultados efetivos. Os módulos funcionais neste caso correspondem aos passos de controle, e o programa realiza o controle das transições de acordo com o fluxograma das funções de controle da Figura 6.9. Entretanto, em casos de operações de seqüência aleatória, em que a ordem dos estados não é assegurada, como na operação manual ou em casos em que se deseja retornar ao estado anterior quando as condições de intertravamento da operação não são satisfeitas, ou ainda em casos de tratamento de paradas por emergência e/ou falha, o programa deve ter meios para controlar os módulos funcionais de acordo com tais especificações.

6.4.3 Projeto de programas não padronizados

No projeto de funções ainda não catalogadas como módulos funcionais padrões, mesmo em casos em que a função seja utilizada apenas uma única vez, modularizar esta função é uma tarefa importante dentro do conceito de estruturação do programa. Em casos onde existe a possibilidade da função ser utilizada várias vezes, evidentemente esta função deve necessariamente ser projetada como módulo funcional.

No projeto de um novo programa, é importante compreender bem o objeto de controle e elaborar o projeto de forma que as especificações sejam atendidas. Entretanto, existem casos em que não é possível desenvolver o projeto partindo somente dos documentos da especificação, como os fluxogramas, diagramas funcionais, PFS/MFG, ou outras técnicas de descrição (listas, tabelas, etc.). Existem requisitos de operação e ocorrência de casos como os seguintes:

*   Operação manual aleatória;
*   Interrupção da operação automática para uma operação manual e o retorno para a operação automática;
*   Operação errada;
*   Comando de parada de emergência e o tratamento e recuperação de falhas;
*   Falta de energia e a recuperação desta situação.
*

Com isto, a combinação de estados dos elementos do objeto de controle aumenta em função destas operações aleatórias e de eventos não previstos, o que resulta na necessidade de um controle mais complexo. Por outro lado, se o software projetado não for capaz de tratar tais combinações de estados dos elementos, o resultado serão falhas e/ou erros do controle, ocasionando assim erros de seqüenciação. No entanto, projetar o software considerando-se todas as combinações possíveis é uma tarefa praticamente impossível de ser realizada na prática, principalmente nos casos de objetos de controle mais complexos. Assim, geralmente restrigem-se as possíveis combinações de ocorrência de eventos através da imposição de certas condições relacionadas ao modo de operação e atuação como por exemplo, os intertravamentos.

182 *Controle Programável - Fundamentos do controle de SED*

6.5 Desenvolvimento do Software de Controle e Testes

Os softwares desenvolvidos na etapa de projeto, em linguagem de controle, como o MFG/PFS ou o diagrama de relés podem ser carregados diretamente nos CP ou codificados na etapa de desenvolvimento do software para posterior carregamento nos CP.

Quando é realizado um projeto interativo através de ferramentas de apoio ao projeto, a transcrição do programa-fonte (em diagrama de relés, PFS/MFG (SFC), etc.) para o programa-objeto (em linguagem própria de cada CP) é automática. Assim, o trabalho manual nesta etapa é minimizado.

O teste dos procedimentos de controle consiste em executar no dispositivo de realização do controle o programa de controle projetado e desenvolvido, verificando se as exigências do usuário e do cliente foram satisfeitas. Na prática, a etapa de testes consiste em: teste de cada módulo (depuração e correção baseadas em testes de simulação realizados através de dispositivos de simulações dos sinais de entrada e saídas) e teste do sistema de controle (teste baseado em ajustes e/ou regulagens com o sistema de controle conectado à instalação real, recebendo sinais de entrada dos detectores e dos dispositivos de comando e operando o objeto de controle através dos dispositivos de atuação).

Desta forma, a função de simulação, que executa o software na etapa de projeto, tem um papel fundamental. Este recurso possibilita a avaliação do software através de um sistema de apoio que considera as características do objeto de controle, facilitando assim a detecção de falhas de projeto através da validação matemática e/ou verificação visual. Além disto, um problema detectado pode, em geral, ser corrigido facilmente através de um editor gráfico, para então ser submetido novamente à nova análise por simulação. Isto possibilita o aumento da qualidade do software na etapa de projeto. De fato, esta função de simulação na etapa de projeto, onde as características do objeto de controle são consideradas, possibilita também o desenvolvimento de softwares para dispositivos de realização do controle segundo os conceitos de prototipagem rápida.

No passado, esta etapa de testes dispendia muito esforço e tempo na detecção de problemas, e envolvia a correção de erros humanos ocorridos na etapa de projeto e de desenvolvimento. Em geral, quanto mais simples o erro, mais difícil era a sua identificação. Assim, a atividade de verificação automática através de ferramentas de apoio ao projeto e funções de verificação lógica aumentaram consideravelmente a qualidade dos softwares desenvolvidos.

6.6 Observações sobre a Metodologia

A metodologia apresentada estabelece uma forma organizada e produtiva de combinar os desenvolvimentos em temas como linguagens de programação para controle, interação entre o controlador e o objeto de controle, técnicas de modelagem para concepção e análise de sistemas, avaliação funcional de instalações e técnicas para projeto de sistemas que facilitem a identificação de anormalidades.

Esta metodologia tem sido aplicada no projeto e implementação de diversos sistemas de controle de SED no ambiente de automação industrial. Os resultados positivos obtidos em sistemas a nível de protótipos (linha de produção, robôs industriais, planta piloto de detergentes, célula de manufatura, veículos de transporte auto-guiados) e sistemas industriais na área automobilística (autopeças e montadoras) e de agro-indústrias comprovam a eficácia da metodologia.

A experiência na aplicação prática indica que mesmo nos casos onde a equipe envolvida possui inicialmente pouca experiência em projeto de sistemas de controle, a metodologia assegura tanto o atendimento das especificações técnicas como o cumprimento do cronograma previsto.

7. REFERÊNCIAS BIBLIOGRÁFICAS

CASSANDRAS, C.G.; RAMADGE, P.J. Towards a control theory for discrete event systems. **IEEE Control Systems Magazine**, IEEE, v.10, n.4, p.66-68, 1990.

HASEGAWA, K. Mark Flow Graph for the expansion and integration of control. **Computer and Application's Mook**, Corona Publ., Tokyo, n.22, p.35-41, 1988 (em japonês).

FURUKAWA, C.M.; MARCHESE, M.; MIYAGI, P.E. Métodos e técnicas para programação eficiente de CLP's em aplicações complexas. **Anais do 8º Congresso Brasileiro de Automática**, Sociedade Brasileira de Automática, Belém, PA, v.1, p.585-590, 1990. Também em **Memórias del 4º Congresso Latino-Americano de Controle Automático**, Associação Mexicana de Controle Automático, Puebla, México, v.1, p.250-255, 1990.

HASEGAWA, K.; TAKAHASHI, K.; MASUDA, R.; OHNO, H. Proposal of Mark Flow Graph for discrete system control. **Transactions of SICE**, Society of Instrument and Control Engineers, Tokyo, v.20, n.2, p.122-129, 1984. (em japonês)

HASEGAWA, K.; TAKAHASHI, K.; MIYAGI, P.E. Application of the Mark Flow Graph to represent discrete event production systems and system control. **Transactions of SICE**, Society of Instrument and Control Engineers, Tokyo, v.24, n.1, p.69-75, 1988.

HO, Y.C. Dynamics of discrete event systems. **Proceedings of IEEE**, IEEE, v.77, n.1, p.3-6, 1989.

LIU,W.; MIYAGI, P.E.; SCHRECK,G. MFG/PFS methodology in manufacturing industries, **Studies in Informatics and Control,** I.C. Publ., Bucharest, Romania, v.3, n.2-3, p.335-343, 1994.

MIYAGI, P.E.; HASEGAWA, K.; TAKAHASHI, K.; MIYAGI, P.E. A programming language for discrete event production systems based on Production Flow Schema and Mark Flow Graph. **Transactions of SICE**, Society of Instrument and Control Engineers, Tokyo, v.24, n.2, p.183-190, 1988.

PETERSON, J.L. **Petri Net Theory and the Modeling of Systems**, Prentice-Hall, Englewood Cliffs, 1981.

REISIG, W; **Petri Nets an Introduction**, Springer-Verlag, Berlin Heidelberg, Alemanha, 1985/1988. (em inglês e japonês)

REISIG, W; **A Primer in Petri Net Design**, Springer-Verlag, Berlin Heidelberg, Alemanha, 1992.

SANTOS Filho, D.J.; MIYAGI, P.E. Sistemas de eventos discretos e seu controle. **Anais do 1º COBISA/1º CINISA**, Instrument Society of America, São Paulo, SP, p.2.1-12, 1991.

SANTOS Filho, D.J.; MIYAGI, P.E. Enhanced Mark Flow Graph to control autonomous guided vehicle. In: SUN, Q.; TANG, Z.; ZHANG, Y. ed. **Computer Applications in Production Engineering**, Chapman&Hall, London, p.856-865, 1995.

SEKIGUCHI, T. (coord.) **Sequential Control Engineering- New Theory and Design Method**, Denki Gakkai, Tokyo, Japão, 1988. (em japonês)

SILVA, M.; VALLETE, R. Petri nets in flexible manufacturing. In: ROZENBERG, G. **Advances in Petri Nets**, v.424, Springer-Verlag, Berlin Heidelberg, Alemanha, 1989.

SILVA, J.R.; MIYAGI, P.E. PFS/MFG: a high level net for the modeling of discrete manufacturing systems. In: CAMARINHA-MATOS, L.M.; AFSARMANESH, H. ed. **Balanced Automation Systems - Archtectures and Design Methods**, IEEE/ECLA/IFIP/Chapman&Hall, London, p.349-362, 1995.

TOLEDO, C.F.M.; KAGOHARA, M.Y.; SILVA, J.R.; MIYAGI, P.E. Automatic generation of control program for manufacturing cells. **IFIP Transactions on Production Management Methods**, Elsevier Science, BV-North Holland, Amsterdam (Neederlands), v.B, n.19, p.335-343, 1994.

VALLETE, R. Nets in production systems. **Lecture Notes in Computer Science**, p.191-217, Springer-Verlag, Berlin Heidelberg, Alemanha, 1986.

8. Apêndice - Sequential Flow Chart (SFC)

O SFC tem como base técnicas derivadas das rede de Petri como o GRAFCET (Graphic de Commande Etape-Transition) da França e o MFG (Mark Flow Graph) do Japão e, conseqüentemente, já é uma forma de descrição muito popular nestes países.

Tanto o MFG como o GRAFCET são representações gráficas derivadas da teoria de redes de Petri. Estas técnicas foram desenvolvidas para serem uma forma de representação gráfica explícita e clara das funções de controle para aplicações industriais. Assim, baseado nestas características e no grande potencial de modelagem destas novas abordagens, o SFC foi proposto pelo IEC (International Electrotechnical Committee) como uma forma padronizada de descrição de sistemas seqüenciais.

Elementos do SFC

- Step (etapa)

    O step representa uma etapa de uma seqüência e as ações atribuídas ao step são definidas pelo action block do step. O step pode permanecer em um dos dois estados lógicos: ON (ativo) ou OFF (inativo). O estado da seqüência é determinado em qualquer instante pelo conjunto dos steps ON e pelos valores das variáveis internas e de saída destes steps. O step pode ser representado graficamente ou textualmente (vide Tabela A.1). O step flag indica se o step está ON ou OFF. O tempo de ativação (passagem) do step mede o tempo desde o instante em que o step tornou-se ON até o instante em que se torna OFF, mantendo este valor mesmo depois do step ser OFF. Exemplos de nomes de steps são: *STEP7, aciona_motor, sincroniza, WEIGH_A,* etc.

188   *Controle Programável - Fundamentos do controle de SED*

Tabela A.1 Elementos do step

representação gráfica/textual	*observações*
	step (representaçõ gráfica) • possui um link supeior e um inferior • "∗∗∗" é o nome do step
STEP ∗∗∗: (conteúdo do step) END_STEP	step (representação textual) • não possui link
	step inicial (representaçõ gráfica) • também possui links (existem casos onde o link superior não existe) • "∗∗∗" é o nome do step inicial
INITIAL _STEP ∗∗∗: (conteúdo do step) END_STEP	step inicial (representação textual) • não possui link
∗∗∗.X	step flag (representação geral) • "∗∗∗" é o nome do step
	step flag (conexão direta) • o step flag "∗∗∗.X" é conectado no lado direito do step "∗∗∗"
∗∗∗.T	tempo transcorrido no step (representação geral)

- Transition ou transition condition (transição ou condição de transição)

  Quando existe um (ou mais) steps conectados através de links a um (ou mais) steps, a transition indica a condição para que o estado ON dos steps antecedentes passe para os steps subseqüentes. A transition é representada por um traço horizontal (perpendicular) ao link. A informação escrita ao lado da transition é a condição da transition, que é uma condição lógica para que a evolução ocorra, e é descrita conforme a Tabela A.2, isto é:

  - Na representação gráfica, através de ST, LD, FDB (casos (a) a (c) da Tabela A.2);

Tabela A.2 - Exemplo de transition condition

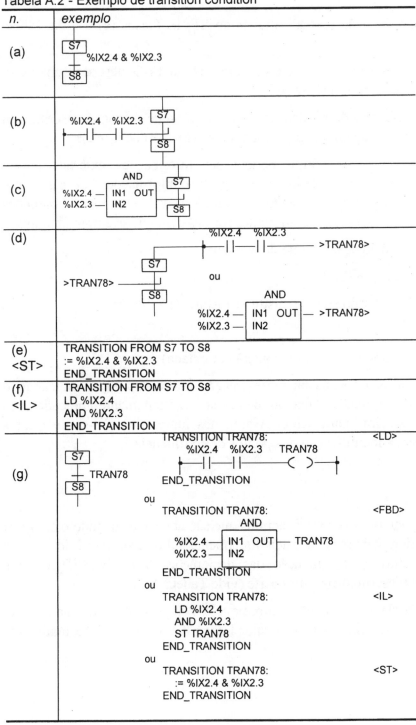

190   *Controle Programável - Fundamentos do controle de SED*

- Na representação textual, através de ST, IL (casos (e), (f) da Tabela A.2);

- Com utilização de conectores para LD ou FBD descritos em outro lugar (caso (d) da Tabela A.2);

- Com utilização de rótulos (labels) com o nome de rotinas escritas em alguma linguagem em outro lugar (caso (g) da Tabela A.2);

As condições da transition podem ser informações externas como: comando do operador, estado do sensor, etc. e informações internas como: estado do temporizador, estado de uma variável, etc. Estas condições podem ser representadas de diferentes formas como no exemplo abaixo :

- Detecção pela chave limite do avanço;

- Temperatura > 100ºC;

- Temporizador do step de mistura (mistura T) $\geq$ 10s; etc.

- Link ou directed link (conexão ou conexão orientada)

  O link conecta os steps na representação gráfica do SFC, indicando o caminho da evolução. Quando nada está explicitamente indicado, seu sentido é de cima para baixo. Assim, nos jumps utilizam-se de rótulos (labels) para a identificação dos pontos de confluência.

- Action (ação)

  Um step pode ou não possuir actions que são acionadas quando o step fica ON. A action pode ser conectada diretamente à direita do step (vide Tabela A.3) ou, através da utilização das declarações *STEP* e *END_STEP* e colocados (descritos) em outra parte (vide Tabela A.4).

  A execução da action ocorre sempre que o step está ON, mas quando este fica OFF, o step flag assume o valor lógico 0 e a action é executada uma única vez.

APÊNDICE - SEQUENTIAL FLOW CHART (SFC)　　　　　　　　　　　　　　　　191

Tabela A.3 - Action conectado diretamente ao step

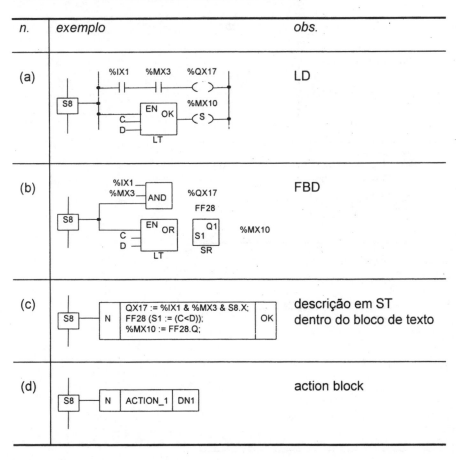

REGRAS DE EVOLUÇÃO DO SFC

As regras de evolução do SFC são apresentadas a seguir e ilustradas na Tabela A.5.

- O estado inicial da seqüência é quando somente o step inicial está ON e todos os demais estão OFF;

- Entre dois steps sempre existe uma transition e da mesma forma, entre duas transitions sempre existe um step;

- Quando todos os steps antecedentes estão ON e as condições da transition estão satisfeitas, os steps subseqüentes ficam ON ao mesmo tempo que os steps antecedentes ficam OFF, ocorrendo assim a evolução da seqüência;

192   *Controle Programável - Fundamentos do controle de SED*

Tabela A.4 - Action conectado diretamente ao step

n.	exemplo	obs.
(a)		LD
(b)		FBD
(c)	STEP S8: QX17 = %X1 AND %MX3 AND S8.X ; FF28 (S1 := (C>D)) ; %MX10 := FF28.Q ; END_STEP	ST
(d)	STEP S8: LD S8.Q AND %X1 AND %MX3 ST %QX17 LD C LD D SI FF28 LD FF28.Q ST %MX10 END_STEP	IL

- Quando existe apenas uma transição para mais de um steps seguintes, todos conectados por uma linha dupla horizontal e a regra de evolução da seqüência (acima) é satisfeita, todos os steps posteriores ficam ON simultaneamente. Este é o início de seqüências em paralelo;

- Quando existe apenas uma transição para mais de um steps antecedentes, todos conectados por uma linha dupla horizontal, a seqüência evolui quando todos os steps anteriores estiverem ON e a condição de transition for satisfeita. Este é o fim de seqüências em paralelo;

APÊNDICE - SEQUENTIAL FLOW CHART (SFC)

193

Tabela A.5 - Regras de evolução do SFC

exemplo	regra
S3 — c — S4	**Seqüência simples** • steps e transitions são conectados intercaladamente
S5 / 1 e ... 2 f / S6 S8	**Início da seleção de uma seqüência** • várias transições conectadas abaixo da linha horizontal representa o início da seleção • os números indicados na transição representam a ordem de prioridade quando existe conflito (quando estes números não estão indicados a prioridade é maior para as transições à esquerda)
S7 S9 / h j ... / S10	**Fim da seleção de uma seqüência** • várias transições conectadas abaixo por uma linha horizontal representa o fim da seleção
S11 — b ... / S12 S14	**Início de seqüências em paralelo** • vários steps conectadas abaixo da linha dupla horizontal representa que estes são ativados simultaneamente • os outros steps abaixo destes são ativados independentemente
S13 S15 ... / d / S16	**Fim de seqüências em paralelo** • vários steps conectadas abaixo por uma linha dupla horizontal representa o fim de seqüências em paralelo • todas as condições destes steps devem estar satisfeitas para ativar as transições seguintes

- Quando para um step existem vários pares de transitions e steps posteriores e este step (anterior) está ON, a seqüência evolui para o step que tiver a sua condição de transition satisfeita. Caso existam mais de uma condição satisfeita, segue-se uma ordem de preferência pré-determinada e, se não existe uma preferência pré-definida, escolhe-se o da esquerda. Este é o início de uma seqüência exclusiva.

- Quando para um step existem vários pares de transitions e steps anteriores, a seqüência evolui do step que estiver ON e tiver a sua condição de transition satisfeita. Caso exista mais de uma condição satisfeita, segue-se uma ordem de preferência pré-determinada e, se não existir uma preferência pré-definida, escolhe-se a da esquerda. Este é o fim de uma seqüência exclusiva

A Figura A.1 ilustra o funcionamento destas regras. O ponto preto indica o step que está ON e as condições da transição que estão satisfeitas.

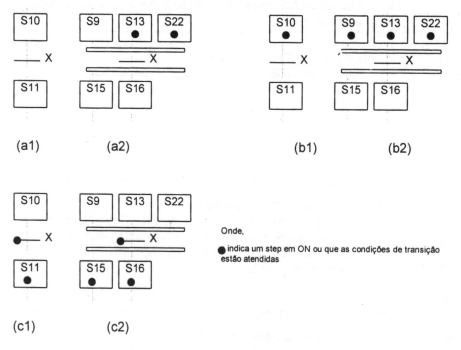

Figura A.1 - Exemplo da evolução de um SFC

GRÁFICA PAYM
Tel. [11] 4392-3344
paym@graficapaym.com.br